孙树侠 编著

中国保健协会食物营养与安全专业委员会会长
中央国家机关健康大讲堂讲师团专家

营养师告诉你
怀孕坐月子
怎么吃

电子工业出版社
Publishing House of Electronics Industry
北京·BEIJING

未经许可，不得以任何方式复制或抄袭本书之部分或全部内容。
版权所有，侵权必究。

图书在版编目（CIP）数据

营养师告诉你：怀孕坐月子怎么吃 / 孙树侠编著. — 北京：电子工业出版社，2017.5
ISBN 978-7-121-30363-0

Ⅰ. ①营… Ⅱ. ①孙… Ⅲ. ①妊娠期 – 妇幼保健 – 食谱 ②产褥期 – 妇幼保健 – 食谱
Ⅳ. ①TS972.164

中国版本图书馆CIP数据核字(2016)第276276号

策划编辑：李文静
责任编辑：李文静

印　　刷：中国电影出版社印刷厂
装　　订：中国电影出版社印刷厂
出版发行：电子工业出版社
　　　　　北京市海淀区万寿路173信箱　　邮编：100036
开　　本：720×1000　1/16　　印张：13.5　　字数：238千字
版　　次：2017年5月第1版
印　　次：2017年5月第1次印刷
定　　价：49.80元

凡所购买电子工业出版社图书有缺损问题，请向购买书店调换。若书店售缺，请与本社发行部联系，联系及邮购电话：（010）88254888，88258888。
质量投诉请发邮件至zlts@phei.com.cn，盗版侵权举报请发邮件至dbqq@phei.com.cn。
本书咨询联系方式：liwenjing@phei.com.cn。

前言
INTRODUCTION

从发现验孕棒上出现两条红线,到通过超声波看到胎儿,再到第一次感受到胎动,最后到"瓜熟蒂落",准妈妈这一段怀孕历程,一定满载着无限幸福与希望。

每一对父母都希望能生一个聪明漂亮、健康活泼的宝宝,这就需要从孕期开始重视营养的摄取。孕期营养既要满足准妈妈自身的需求,又要保证胎儿正常的生长发育,因此很多准妈妈会在孕期大补特补,这也就是现在很多准妈妈的营养问题不是营养不良,而是营养过剩的原因。孕期营养过剩的直接后果就是准妈妈体重过重,易导致多种孕期健康问题或生产问题,如妊娠糖尿病、难产等,也会影响产后的身材恢复。只有正确的营养理念,才能确保准妈妈和胎儿的健康。

"怀胎十月,一朝分娩"让很多新妈妈"喜中掺忧"。喜的是宝宝的出生给整个家庭带来了欢声笑语,忧的是产后身体如何恢复,会不会出现虚弱乏力、恶露不绝、水肿、发热、腹痛等症状。如何让自己更快恢复,不落下月子病,并让宝宝"粮仓"充足,成了新妈妈月子期间的"新课题"。

女性在一生中有三次机会可以改变自己的体质,即初潮期、月子期、更年期,其中最重要的就是坐月子这个阶段。这个时期,新妈妈的身体就好像打开了大门,可以把怀孕时积累的多余的水分(这也是产后发胖的主要原因)和毒素排出体外,然后通过正确的调养使身体更健康。如果没有坐好月子,将会为以后的身体健康埋下隐患。

为此,我们为准妈妈和新妈妈们奉献了这本书。上篇我们从孕早期、孕中期、孕晚期三个阶段入手,给出了每个阶段所需的关键营养素、膳食安排及一日三餐饮食建议,帮助准妈妈有针对性地补充营养;根据每个阶段的营养需求,推荐营养美味的菜品;针对每个阶段可能会遇到的不适与疾病,给出了相应的食疗方法。

在下篇中，我们将月子期科学合理地划分为四个阶段，每个阶段都根据新妈妈的身体恢复情况给出具体的调养重点、精选的菜品及产后不适的对症食疗。所精选的滋养补身的月子菜，做法简单，食材易买，如丰乳通乳的鲫鱼、健脾消肿的薏米、促进乳汁分泌的木瓜等。这些精挑细选的菜品完全可以让新妈妈吃得好，补得好，让新妈妈迅速恢复体力、重塑美好身材。

衷心地希望本书能成为准妈妈和新妈妈在孕期和月子期间饮食方面的好帮手，本书呈现的不仅仅是健康食谱，还传递了许多营养观念和营养常识方面的"正能量"，是一本不可多得的工具书。翻开书，给自己和宝宝一顿健康开胃的美餐吧！

目录 CONTENTS

上篇 怀孕怎么吃

孕早期（1~12周）
补胎养身，提振食欲

- 12 **准妈妈所需要的关键营养素**
  - 12 继续补充叶酸
  - 13 适当增加碳水化合物和脂肪
  - 13 摄入优质蛋白质
  - 14 摄取充足的锌和碘
- 14 **准妈妈的膳食安排**
  - 14 粗细搭配
  - 15 多吃肉、蛋、豆类及水果
  - 16 适当吃些零食
  - 16 准妈妈的一日三餐饮食建议
  - 17 远离易引起流产的食物
- 18 **推荐给准妈妈的营养菜品**
  - 18 鸡丝烩白菜
  - 20 香菇鸡粥
  - 21 菠菜猪肝
  - 22 姜拌脆藕
  - 23 焖烧牛肉
  - 24 二米红枣粥
  - 25 香椿芽焖蛋
  - 26 双菇苦瓜丝
  - 27 牡蛎粥
  - 28 韭菜炒虾仁

- 29 **【孕期不适 特别关注】孕期疲劳倦怠**
  - 30 牛肉丝炒芹菜
  - 31 海味豆腐汤
  - 32 橘味海带丝
  - 33 牛奶麦片粥
  - 34 炝腐竹
  - 35 百合银耳汤
  - 36 鸡丝凉拌面
- 37 **【孕期不适 特别关注】孕吐**
  - 38 姜汁甘蔗露
  - 38 韭菜生姜饮
- 39 **【孕期不适 特别关注】胎动不安**
  - 40 核桃鸡蛋汤
- 41 **【孕期不适 特别关注】失眠**
  - 42 牛肉桂圆汤
  - 43 莲子桂圆红枣粥
- 44 **【孕期不适 特别关注】牙痛及出血**
  - 45 猕猴桃生菜沙拉
  - 46 苹果百合番茄汤

孕中期（13~28周）
补充各种营养素

- 47 准妈妈所需要的关键营养素
  - 47 摄取足量蛋白质
  - 48 保证脂肪的供给
  - 48 补充多种微量元素
  - 48 增加维生素摄入量
  - 49 适量补充DHA
- 50 准妈妈的膳食安排
  - 50 膳食构成和量
  - 50 多吃主食
  - 50 适当补充植物油
  - 51 预防营养过剩
  - 51 准妈妈的一日三餐饮食建议
- 52 推荐给准妈妈的营养菜品
  - 52 鲜菇肉丸汤
  - 53 香橙鸡肉片
  - 54 莴笋粥
  - 55 红烧兔肉
  - 56 蟹黄包
  - 57 拌文武笋
  - 58 丸子烧白菜
  - 59 蚕豆炖牛肉
  - 60 清蒸鲈鱼
  - 62 鱼肉豆腐羹
  - 63 黄蘑炖小鸡
  - 64 冰糖鸭梨汁
  - 65 豆沙藕夹
  - 66 冬瓜皮鲢鱼汤
  - 67 青椒炒猪血
  - 68 鲫鱼竹笋汤
  - 69 黄鱼羹
  - 70 姜汁黄瓜
  - 71 奶白鲫鱼汤
  - 72 花生奶露
- 73 【孕期不适 特别关注】小腿抽筋
  - 74 棒骨海带汤
  - 75 鲜奶炖鸡蛋
- 76 【孕期不适 特别关注】痔疮
  - 77 松子仁粥
  - 77 香蜜茶
- 78 【孕期不适 特别关注】妊娠期贫血
  - 79 菠菜鸡肝汤
  - 80 阿胶白皮粥
- 81 【孕期不适 特别关注】妊娠期糖尿病
  - 82 双椒炒南瓜
  - 83 口蘑烧西蓝花

孕晚期（29~40周）
均衡营养，控制热量的摄入

- 84 准妈妈所需要的关键营养素
  - 84 碳水化合物
  - 85 膳食纤维
  - 85 维生素B_1
  - 86 富含锌的食物可帮助你自然分娩

86	维生素K可预防分娩时大出血		99	牛肉炒双鲜
86	摄入充足的钙和磷		100	海蜇拌黄瓜
87	孕晚期，补铁至关重要		101	香菇炒菜花
			102	牛骨汤
87	**准妈妈的膳食安排**		103	清蒸大虾
87	注重质量，而不是数量		104	红烧鸡腿
88	增加豆类蛋白质和动物肝脏的摄入		105	空心菜炒玉米粒
88	调整食谱，为分娩做准备		106	什锦面
88	准妈妈的一日三餐饮食建议		107	【孕期不适　特别关注】尿频
89	**推荐给准妈妈的营养菜品**		108	猪肚花生米
89	鸭肉烩山药		109	【孕期不适　特别关注】腰背痛
90	板栗焖鸡		110	猪腰粥
91	虾仁百合扒豆腐		111	冬瓜炖排骨
92	萝卜炖牛肉		112	【孕期不适　特别关注】妊娠期水肿
94	油波莴笋		113	红豆花生大枣粥
95	鱼肉馄饨		114	【孕期不适　特别关注】胃灼热
96	豆苗牛丸汤			
97	鹌鹑山药粥			
98	银耳肉蓉羹			

下篇　坐月子怎么吃

116	**月子坐多久最科学**		119	**坐月子期间要管住自己的嘴**
116	**坐月子期间的最佳食材**		119	过多吃鸡蛋
116	荤食材篇		119	红糖水喝太多
117	素食材篇		119	过早吃老母鸡

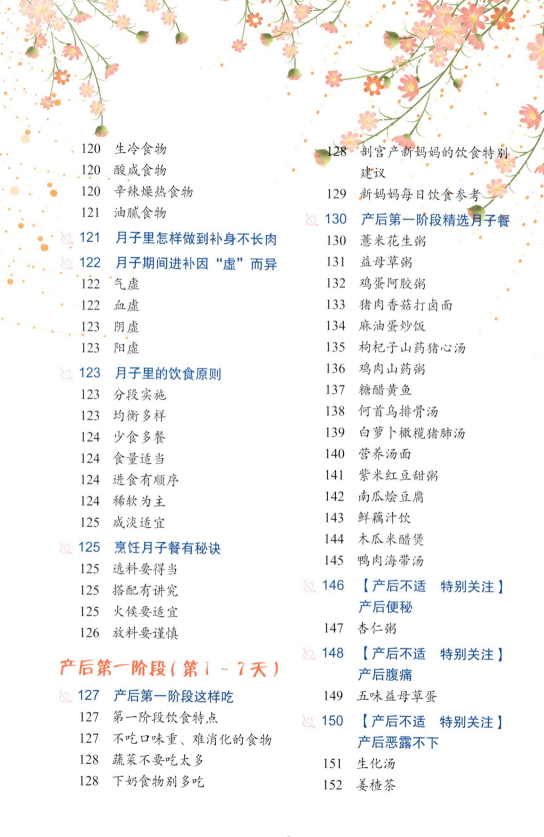

- 120 生冷食物
- 120 酸咸食物
- 120 辛辣燥热食物
- 121 油腻食物

121 月子里怎样做到补身不长肉

122 月子期间进补因"虚"而异
- 122 气虚
- 122 血虚
- 123 阴虚
- 123 阳虚

123 月子里的饮食原则
- 123 分段实施
- 123 均衡多样
- 124 少食多餐
- 124 食量适当
- 124 进食有顺序
- 124 稀软为主
- 125 咸淡适宜

125 烹饪月子餐有秘诀
- 125 选料要得当
- 125 搭配有讲究
- 125 火候要适宜
- 126 放料要谨慎

产后第一阶段（第1~7天）

127 产后第一阶段这样吃
- 127 第一阶段饮食特点
- 127 不吃口味重、难消化的食物
- 128 蔬菜不要吃太多
- 128 下奶食物别多吃
- 128 剖宫产新妈妈的饮食特别建议
- 129 新妈妈每日饮食参考

130 产后第一阶段精选月子餐
- 130 薏米花生粥
- 131 益母草粥
- 132 鸡蛋阿胶粥
- 133 猪肉香菇打卤面
- 134 麻油蛋炒饭
- 135 枸杞子山药猪心汤
- 136 鸡肉山药粥
- 137 糖醋黄鱼
- 138 何首乌排骨汤
- 139 白萝卜橄榄猪肺汤
- 140 营养汤面
- 141 紫米红豆甜粥
- 142 南瓜烩豆腐
- 143 鲜藕汁饮
- 144 木瓜米醋煲
- 145 鸭肉海带汤

146 【产后不适 特别关注】产后便秘
- 147 杏仁粥

148 【产后不适 特别关注】产后腹痛
- 149 五味益母草蛋

150 【产后不适 特别关注】产后恶露不下
- 151 生化汤
- 152 姜楂茶

产后第二阶段(第8~14天)

153　产后第二阶段这样吃
153　第二阶段饮食特点
154　饮食调理脾胃
154　可以适当吃鸡肉、猪肉和牛肉
154　注意补充钙
155　调整怀孕期间的不适
155　利水消肿
155　新妈妈如何补气养血
156　新妈妈每日饮食参考

157　产后第二阶段精选月子餐
157　红豆麦片粥
158　银耳红枣汤
159　白果鸭梨鹌鹑汤
160　猪蹄黄豆汤
162　蜜汁糯米藕
163　花生鸡爪汤
164　肉末菠菜
165　排骨萝卜汤
166　核桃芝麻粥
167　百合芡实粥
168　红烧果子山药

169　【产后不适　特别关注】产后虚弱
170　花生猪骨粥

171　【产后不适　特别关注】产后发热
172　金蒲茶
173　金菊茶

产后第三阶段(第15~28天)

174　产后第三阶段这样吃
174　第三阶段饮食特点
174　曾患妇科疾病的新妈妈用药膳要谨慎
175　催乳为主、补血为辅
175　"哺乳新妈妈"与"非哺乳新妈妈"的进补方法
175　新妈妈每日饮食参考

176　产后第三阶段精选月子餐
176　鸡肝菟丝子汤
177　麻油鸡
178　板栗枸杞子乳鸽汤
180　莴笋薏仁粥
181　红枣乌鸡汤
182　番茄牛肉汤
183　黑芝麻炖猪蹄
184　莲藕干贝排骨
185　口蘑炒豌豆
186　海带炖公鸡
187　红豆鲫鱼汤
188　水晶肘子
190　丝瓜炒虾仁

191　【产后不适　特别关注】产后水肿
192　红豆薏米姜汤
193　熟三鲜炒银牙

194　【产后不适　特别关注】产后汗出

　　195　糖醋莲藕

产后第四阶段（第29～42天）

196　产后第四阶段这样吃
　　196　第四阶段饮食特点
　　196　改善体质的黄金时期
　　197　特殊新妈妈的饮食方案
　　197　食物同类互换可丰富膳食
　　197　新妈妈在月子期间不可盲目节食减肥
　　198　新妈妈每日饮食参考

199　产后第四阶段精选月子餐
　　199　西蓝花鸽蛋汤
　　200　菠菜牛肉粥
　　201　萝卜鲜虾

　　202　胡萝卜羊肉汤
　　203　枸杞子红枣粥
　　204　鸭血豆腐
　　205　当归炖羊肉
　　206　核桃虾仁
　　207　田园烧排骨
　　208　芹菜肉包
　　209　猪肝绿豆粥
　　210　猪蹄金针菇汤

211　【产后不适　特别关注】产后恶露不尽
　　212　参芪胶艾粥

213　【产后不适　特别关注】产后腰痛
　　214　杜仲猪腰汤
　　215　核桃猪腰汤

上篇 怀孕怎么吃

吃什么，怎么吃

孕期营养既要满足准妈妈自身的营养需求，又要满足胎儿正常的生长发育，因此，孕期所需营养的种类和数量都会与平时不同。营养过剩易导致多种健康问题，营养缺乏又会影响胎儿发育。怎样才能吃得对、吃得好，我们快来学习一下吧！

孕早期（1~12周）
补胎养身，提振食欲

胎儿发育重点 ▶

胎儿的五官、心脏及神经系统开始形成，脑神经细胞为发育重点。

母体营养补充 ▶

正常摄取营养，适量补充锌、碘、叶酸、蛋白质等营养素。

膳食安排准则 ▶

缓解早孕反应，多清淡、少油腻，饮食要易于消化，少食多餐。

准妈妈所需要的关键营养素

❀ 继续补充叶酸

孕前要补充叶酸，孕早期要继续补充，因为孕早期正是胎儿神经管发育的关键时期，准妈妈补充足够的叶酸可以明显降低神经管畸形胎儿、无脑儿与先天性脊柱裂胎儿的出生率。同时，可以使胎儿发生唇腭裂的概率减少50%，还可降低早产及低体重新生儿出生的概率。

贴 心 叮 咛

服用孕妇专用叶酸补充剂期间，准妈妈如同时服用其他营养剂（如多维片）或孕妇奶粉，应尽量避免重复补充叶酸。对于无叶酸缺乏症的准妈妈来说，若摄入过多的叶酸可能掩盖维生素B_{12}缺乏的症状，干扰锌的代谢，引起锌缺乏、神经损害等其他不良后果。

怀孕怎么吃 上篇

除服用叶酸片剂外，准妈妈也要注意在日常饮食中吃一些富含叶酸的食物，如菠菜、芦笋等深绿色的蔬菜，豆类、动物肝脏以及苹果等。

❀ 适当增加碳水化合物和脂肪

受孕前后，如果准妈妈的碳水化合物摄入不足，可能导致胎儿大脑发育异常，影响宝宝出生后的智力发育。孕早期的准妈妈每天应摄入150克以上的碳水化合物，可以通过食用面食、大米、红薯、土豆、山药等食物来获得。

脂肪是孕早期的准妈妈体内不可缺少的营养物质，它能促进脂溶性维生素E的吸收。准妈妈缺乏脂肪会影响免疫细胞的稳定性，引起食欲缺乏、情绪不宁、体重不增、皮肤干燥脱屑等症状。食用油、动物油脂是脂肪的最好来源，早孕反应严重的准妈妈还可以通过食用核桃和芝麻来摄取脂肪。

❀ 摄入优质蛋白质

准妈妈应在孕早期增加蛋白质的摄入量，以满足母体和胎儿的需求。胎盘的形成、胎儿的大脑发育、肌肉发育都需要优质蛋白质的参与。孕早期，蛋白质摄入量应比孕前增加1倍。优质蛋白质主要是动物蛋白及植物蛋白，动物蛋白的最好来源是鱼、瘦肉、蛋、牛奶，植物蛋白的最好来源是大豆及豆制品。动物蛋白与植物蛋白搭配食用，能更好地满足准妈妈对蛋白质的需求。

摄取充足的锌和碘

成人每日需摄入16～20毫克的锌,而准妈妈的需要量则要高出1倍左右。准妈妈缺锌对自身和胎儿都不利,缺锌会降低准妈妈自身免疫力,易生病,从而影响胎儿正常的生长发育;严重缺锌还会影响胎儿的大脑、心脏、胰腺、甲状腺等重要器官的发育。准妈妈应经常吃些牡蛎、动物肝脏、肉、蛋、鱼以及粗粮等含锌丰富的食物,另外,常吃一点核桃、瓜子等含锌较多的零食,也能起到较好的补锌作用。

怀孕期间准妈妈的新陈代谢加速,甲状腺素的分泌水平也会偏高,此时应该增加碘的摄入。准妈妈在孕早期摄入充足的碘,可以有效预防胎儿智力缺陷。准妈妈可以从碘盐、牛奶、番茄、牡蛎、海虾、海产鱼、紫菜、海带等食物中获取足量的碘。

准妈妈的膳食安排

粗细搭配

准妈妈在孕早期宜吃些粗粮。粗粮的加工处理过程较为简单,营养成分流失较少，一般比精米精面含有更多的B族维生素、维生素C、铁、锌和膳食纤维等营养素，适当增加玉米、小米、燕麦、麦片等粗、杂粮有助于胎儿的正常发育，可以预防准妈妈贫血等营养性疾病的发生，同时也有助于准妈妈体重保持正常增长。所以，建议准妈妈将粗粮与精米、精面等搭配食用。

❀ 多吃肉、蛋、豆类及水果

这些食物不仅可以为准妈妈提供必要的能量，还能增加钙、铁、磷等元素的供给量，满足胎儿大脑、骨骼的生长发育需求，避免胎儿发育迟缓或畸形，并能减轻准妈妈的便秘和孕吐症状，增进食欲。

适当吃些零食

孕早期准妈妈的激素分泌受到影响,导致食欲下降,胃口不好。适当吃些零食能够增加食欲,并能全面地补充营养。准妈妈可以吃些坚果类的食品,如榛子、核桃、开心果等。另外,多吃富含维生素与纤维素的水果也很有好处。对于零食,应控制其摄入量,不要因吃太多而影响正餐。

准妈妈的一日三餐饮食建议

餐 次	用餐时间	精选菜单
早 餐	7:00～8:00	二米红枣粥1碗,姜拌脆藕1小盘
加 餐	10:00左右	开心果100克
午 餐	12:00～13:00	家常鸡蛋饼、苹果金枪鱼沙拉、焖烧牛肉各适量
加 餐	15:00左右	猕猴桃1个,大枣适量
晚 餐	18:00～19:00	黄豆苹果粥1碗,鸡丝烩白菜适量

🌸 远离易引起流产的食物

山楂 无论是鲜果还是干片，准妈妈都不能多吃，因为山楂有刺激子宫收缩的作用，易引发流产，尤其是在孕早期。有流产、早产史的准妈妈更不可多食。

螃蟹 螃蟹虽然味道鲜美，但其性寒凉，有活血祛瘀的功效，尤其是蟹爪，有明显的堕胎作用，所以准妈妈不要食用。

甲鱼 又称鳖，虽然具有滋阴益肾的功效，但是性味咸寒，通络散瘀的作用较强，易引发流产，尤其是鳖甲，其堕胎作用比鳖肉更强。

马齿苋 马齿苋既是草药又可作菜食用，但其药性寒凉而滑利。实验证明，马齿苋汁对子宫有明显的兴奋作用，能使子宫收缩次数增多、强度增大，易造成流产。

薏米 薏米具有较高的营养价值，但药理实验证明，薏米对子宫平滑肌有兴奋作用，可促使子宫收缩，有诱发流产的可能。

芦荟 芦荟既具有美容功效，又具有一定的药用价值，但准妈妈不宜食用，因为芦荟可促进子宫收缩，准妈妈食用后可能会引起腹痛，甚至导致流产。

推荐给准妈妈的营养菜品

富含优质蛋白质、提高免疫力

鸡丝烩白菜

原料（2人份）
鸡胸肉50克，白菜梗200克。

调料
蛋清、食用油、淀粉、盐、葱、姜、料酒各适量。

做法
1. 将鸡胸肉洗净，切成丝，装碗，倒入适量蛋清、盐、淀粉、料酒拌匀。
2. 将白菜梗先切成长段，再切成丝。
3. 锅内加适量食用油烧热后，放葱、姜爆香后关火。
4. 等油微凉后，将鸡丝放在锅内过油，用筷子拨散，不使其成团，盛出备用。
5. 锅内留油，开火烧热后，放入白菜丝，炒至八成熟时，加少许盐，并将鸡丝倒入，炒匀。
6. 将适量淀粉加少量水调匀，倒入锅中勾芡，待汁浓时即可出锅。

营养解说
鸡胸肉中蛋白质含量较高，且脂肪含量很低，其所含的牛磺酸能起到增强人体免疫力的作用，准妈妈可根据自身情况多吃一些，以增强免疫力，减少患病概率。白菜含有丰富的粗纤维，既可促进排毒，又可刺激肠胃蠕动，帮助消化。

用姜汁浸泡鸡胸肉3～5分钟，可去除肉腥味或者冷冻怪味。切白菜时，宜顺丝切，这样白菜易熟。

【凉拌鸡丝】 将熟鸡丝、黄瓜丝、木耳丝放入大碗中；热锅烧油，放入切好的葱、姜、蒜及花椒、辣椒粉爆香，倒入放三丝的碗中，加适量盐拌匀即可食用。

上篇 怀孕怎么吃

营养师告诉你
怀孕坐月子怎么吃

增强免疫力

香菇鸡粥

🌱 原料（2人份）

大米100克，鸡胸肉50克，干香菇20克。

🧂 调料

盐、料酒、淀粉、香油、胡椒粉、葱末各适量。

做法

1. 将鸡胸肉切成小块，用料酒、淀粉腌渍10分钟；干香菇泡发后切成小块。
2. 砂锅里放入适量的大米和水，煮开后转小火煮，放入切好的鸡胸肉和香菇块继续煮。
3. 粥煮好后加香油、盐、胡椒粉并撒上葱末即可。

♥ 营养解说

此粥营养丰富且口感香嫩，能增进食欲。香菇富含蛋白质、脂肪、碳水化合物、粗纤维等营养素，有增强人体免疫力的功效。准妈妈经常食用可强身健体，增强抗病能力。

补充铁及叶酸
菠菜猪肝

🌿 原料（2人份）
熟猪肝100克，菠菜200克，海米5克。

调料
盐、鸡精、酱油、醋、蒜泥、香油各适量。

做法
1. 将熟猪肝切成小薄片，海米用温水发好后洗净备用。
2. 将菠菜择好洗净，切成3厘米长的段，放入沸水中焯一下捞出，沥净水分。
3. 将菠菜放在盘内，上面放上猪肝片、海米。
4. 将盐、鸡精、酱油、醋、蒜泥、香油兑成调味汁，均匀浇在菜上即成。

❤ 营养解说
菠菜含有丰富的叶酸，猪肝含有蛋白质、多种维生素以及钙、磷、铁、锌等微量元素，适合孕期食用，尤其是准妈妈患营养缺乏性贫血时，可每周吃2~4次，每次50~100克。

鲜猪肝烹饪前应放在水龙头下冲洗10分钟，然后切成片放在淡盐水中浸泡30分钟，以彻底清除滞留的肝血和胆汁中的毒素。清洗干净后，把附在外面薄薄的那层膜轻轻去除，然后放锅中加水煮熟，直至猪肝变成褐色，不能贪图口感软嫩而缩短加热时间。

补充碳水化合物

姜拌脆藕

🌿 原料（2人份）
鲜藕250克。

调料
盐、酱油、食醋、鸡精、香油、姜各适量。

做法

1. 将鲜藕洗净，去皮，切成薄片，再用清水冲净藕眼中的泥；把姜洗净，去皮切成细末。
2. 锅中放水，用大火烧沸，投入藕片焯一下，迅速捞出，放入凉开水中过凉后，控净水分，撒上姜末。
3. 将盐、酱油、食醋、鸡精、香油倒在一起，调和成汁，浇在藕片上，调拌均匀，盛入盘中即可。

♥ 营养解说
鲜藕含有丰富的碳水化合物、维生素C及钾元素，还含有优质蛋白质和矿物质，有清热解烦、解渴止呕的功效。

挑选莲藕时要挑选外皮呈黄褐色，肉肥厚而白的。如果发黑，有异味，则不宜食用。煮藕时忌用铁锅，否则莲藕会发黑。

增强免疫力

焖烧牛肉

🌿 原料（2人份）
熟牛肉200克。

调料
水淀粉、食用油、葱段、酱油、醋、白糖、盐、高汤各适量。

做法
① 将牛肉切成小方块，放入碗内，用水淀粉挂上一层糊。

② 锅内倒适量食用油烧热，把牛肉块过油炸成金黄色后捞出。

③ 锅内留底油，放葱段炝锅，加酱油、醋、高汤、白糖、盐炒一会儿，用少许水淀粉勾芡，将炸好的牛肉倒入锅内，翻炒几下即可。

♥ 营养解说
牛肉中蛋白质含量高，而脂肪含量低，且含有足够的维生素B_6和锌，锌与谷氨酸盐和维生素B_6共同作用，可增强免疫力。准妈妈一周吃一次牛肉即可，不可食用太多，否则会增加体内胆固醇的含量。

牛肉的纤维组织较粗，结缔组织较多，应横切，不能顺着纤维组织切，否则不仅没法入味，还嚼不烂。准妈妈要注意，牛肉不要与猪肉、白酒、韭菜、生姜同食，这样易致牙龈炎症。牛肉属于发物，有过敏、发热、疥疮、湿疹的准妈妈最好不要食用。

补充B族维生素
二米红枣粥

🌱 原料（2人份）
小米100克，粳米50克，红枣10颗。

🍶 调料
冰糖适量。

做法
① 红枣洗净，用温水泡软。
② 小米和粳米淘洗干净备用。
③ 锅中加入清水，烧开后加入小米、粳米、红枣。
④ 大火烧至滚沸，再改小火慢慢煮至黏稠，最后加入冰糖即可。

❤ 营养解说
小米含有丰富的B族维生素，可预防消化不良，还具有清热解渴、健胃除湿、和胃安眠、滋阴养血等功效。大枣含有维生素A、维生素C、维生素E、维生素P，胡萝卜素、磷、钾、镁等微量元素，具有提高人体免疫力、安神宁心等作用。易贫血缺铁的准妈妈食用枣类食品都会有很好的食疗效果。粳米含人体必需氨基酸，还含有脂肪、钙、磷、铁及B族维生素等多种营养成分。

贴心叮咛
如果不喜欢红枣被煮得软烂，可以晚些时候加入红枣，还可以将红枣先煮软，然后去核做成枣泥，再放入粥中。淘米时不要用手搓，忌长时间浸泡或用热水淘米。

补充优质蛋白质、脂肪及多种维生素

香椿芽焖蛋

🌱 原料（2人份）
鸡蛋6个，鲜嫩香椿芽50克。

调料
食用油、盐各适量。

做法
1. 香椿芽洗净，倒入开水中焯1分钟左右，捞出，沥干水分，切成碎末。
2. 将鸡蛋磕入碗中，加入盐搅打至起泡沫。
3. 锅置火上，放入食用油烧热，将鸡蛋液倒入锅内，急速炒两下，趁鸡蛋尚未炒熟时，将香椿芽末放在鸡蛋中间，用铲子将四周的鸡蛋向中心折叠，使蛋液包住香椿芽。将鸡蛋翻个面，加少许水，盖上锅盖，改用小火焖3分钟，打开锅盖，起锅装入盘内即成。

♥ 营养解说
香椿芽中含有丰富的维生素C，磷、铁等矿物质以及优质蛋白质，而且中医还认为香椿芽味苦性寒，具有清热解毒、健胃理气的功效。

用开水焯烫香椿芽1分钟左右，可以去除2/3以上的硝酸盐和亚硝酸盐。

增强抵抗力，帮助消化
双菇苦瓜丝

🌱 原料（2人份）
干香菇100克，金针菇100克，苦瓜150克。

🧂 调料
酱油、白糖、盐、姜、食用油各适量。

做法
1. 将苦瓜、姜切成细丝；将干香菇泡软后洗净切片；金针菇洗净，去掉尾部。
2. 锅加热后倒入适量食用油，放入姜丝爆炒后加入苦瓜丝、香菇片一起炒片刻。
3. 将金针菇放入锅内，加入酱油、盐、白糖炒匀后即可食用。

❤ 营养解说
苦瓜既可清热消暑，还可促进消化，增进食欲。香菇营养丰富，可增强人体免疫力。

干香菇最好用80℃的热水浸泡。清洗香菇时，可以用几根筷子或手在水中朝一个方向轻轻旋搅，更容易洗干净。

含有丰富的锌元素
牡蛎粥

原料（2人份）

鲜牡蛎肉100克，糯米100克，猪五花肉50克。

调料

蒜末、料酒、洋葱末、胡椒粉、盐、熟猪油各适量。

做法

1. 糯米淘洗干净备用；鲜牡蛎肉清洗干净；猪五花肉切成细丝。
2. 糯米下锅，加清水烧开，待米煮至开花时，加入猪五花肉、牡蛎肉、料酒、盐、熟猪油，一同煮熟，最后加入蒜末、洋葱末、胡椒粉调匀，即可食用。

营养解说

牡蛎肉味道鲜美，是一种高蛋白、低脂肪，容易消化且营养丰富的食品。且含锌量高，这款粥是补锌佳品。

含有丰富的胡萝卜素、维生素C及钙、铁

韭菜炒虾仁

🌿 **原料（2人份）**

虾肉300克，嫩韭菜150克。

🍶 **调料**

食用油、香油、酱油、盐、鸡精、料酒、葱、姜、高汤等各适量。

🥘 **做法**

❶ 将虾肉洗净，沥干水分；韭菜择洗干净，沥干水分，切成2厘米长的段；葱择洗干净，切丝；姜去皮洗净，切丝。

❷ 炒锅上火，放食用油烧热，下葱、姜丝炝锅，炸出香味后放入虾肉煸炒2~3分钟，烹料酒，加酱油、盐、高汤稍炒，放入韭菜，急火炒4~5分钟，淋入香油，加鸡精炒匀，盛入盘中即可。

❤ **营养解说**

此菜清淡、脆嫩，含有丰富的胡萝卜素、维生素C及钙、铁等多种营养素，有温中行气、散瘀解毒的功效。孕早期的准妈妈食用，既可满足胎儿对维生素和矿物质的需求，还能温胃、润肠、通便。

贴心叮咛

注意放入韭菜后一定要用大火快速翻炒，韭菜不要炒得太烂，以免影响颜色和味道。

孕期不适　特别关注

孕期疲劳倦怠

❀ 症状对号入座

很多准妈妈都会在孕早期感到疲劳倦怠，没有精神，总是感觉很累，想躺下，还会感觉头昏，这是正常的生理反应。导致准妈妈疲倦的原因有：准妈妈体内激素水平的改变，特别是黄体酮的急剧增加；准妈妈身体不适影响睡眠质量；恶心和孕吐也会消耗准妈妈的精力；准妈妈情绪焦虑等。孕期疲劳的时间和程度因人而异，不过，到了孕中期，这种不适就会有所缓解。

❀ 缓解对策

准妈妈应尽量放松心情，多争取时间来休息。要少吃多餐，避免过度活动，如有可能的话，请别人帮忙以减轻工作量。有空时，试试制作以下几款美味又滋补的食品，既可消除疲劳，又可补充营养。

营养师告诉你
怀孕坐月子怎么吃

增强免疫力、调节血压
牛肉丝炒芹菜

🌱 原料（2人份）
牛肉250克，芹菜100克。

🧂 调料
葱段、盐、鸡精、料酒、酱油、高汤、水淀粉、食用油各适量。

做法
1. 牛肉洗净，切成丝，放碗内，加盐、水淀粉、料酒拌匀。
2. 芹菜去叶、根，洗净，切成5厘米长的段，入沸水烫一下，捞出，沥干。
3. 锅内放入油烧至六成热，下牛肉丝炒散后捞出，沥油。
4. 原锅底油烧至七成热，下芹菜段、葱段爆炒，放料酒、酱油、盐、鸡精、高汤煮沸，放水淀粉勾芡，放入牛肉丝炒透，待汁浓稠，出锅。

❤ 营养解说
准妈妈经常食用芹菜，可平肝降压。芹菜含铁量较高，也可有效预防缺铁性贫血。另外，芹菜叶中所含的胡萝卜素和维生素C比茎多，因此吃时不要把能吃的嫩叶扔掉。

芹菜有降血压作用，故血压偏低的准妈妈慎用。牛肉丝腌制这一步骤很重要，能保证牛肉汁饱嫩滑，口感酥嫩。

补充蛋白质、维生素P及胡萝卜素

海味豆腐汤

🌿 原料（3人份）

豆腐200克，青鱼肉150克，番茄50克，河虾200克，香菜10克。

调料

盐、鸡精、胡椒粉、高汤各适量。

做法

❶ 将青鱼肉剁细做成小鱼丸，虾去壳，将虾肉洗净剁细后做成小虾丸，豆腐切成小方块，番茄切成小块，香菜切成小段。

❷ 在汤锅内加入适量高汤烧沸，并加入盐、鸡精、胡椒粉等调料。

❸ 锅内放入鱼丸、虾丸、豆腐，炖至熟烂，起锅时放入番茄块及香菜即成。

❤ 营养解说

豆腐含有丰富的蛋白质和人体所需的多种氨基酸，番茄富含胡萝卜素、B族维生素和维生素C、维生素P，还可抗衰老，美白皮肤。准妈妈孕期常吃这道菜既营养又养颜。

营养师告诉你
怀孕坐月子怎么吃

富含碘

橘味海带丝

🌿 原料（2人份）

干海带150克，白菜150克，干橘皮、香菜各适量。

🧂 调料

白糖、鸡精、醋、酱油、香油各适量。

做法

① 干海带放锅内蒸25分钟左右，取出，放热水中浸泡30分钟，捞出备用；香菜切段，备用。

② 把海带、白菜切成细丝，码放在盘内，加酱油、白糖、鸡精和香油，撒入香菜段。

③ 把干橘皮用水泡软，捞出，剁成细碎末，放入碗内，加醋搅拌，把橘皮液倒入盛放海带、白菜的盘内拌匀，即可食用。

❤ 营养解说

清凉可口，含有丰富的营养素，尤其碘的含量十分丰富。

富含B族维生素、维生素E
牛奶麦片粥

🌱 原料（1人份）
牛奶200毫升，麦片100克。

🧂 调料
白糖适量。

🍲 做法
① 麦片加适量清水浸泡30分钟以上。
② 汤锅置火上，倒入麦片和浸泡麦片用的水，用小火煮10分钟左右。
③ 加入牛奶，拌匀，煮5分钟，加入白糖搅匀即可食用。

❤ 营养解说
此粥含有丰富的B族维生素、维生素E，具有补钙降糖、润肺通肠、美白安神及促进代谢的功效。

富含蛋白质和纤维素
炝腐竹

🌿 原料（2人份）
菠菜300克，腐竹200克，胡萝卜100克。

调料
食用油、花椒、盐、香油、白糖、鸡精各适量。

做法
① 腐竹提前泡发，切成寸段；菠菜洗净，切成寸段，焯水、过凉；胡萝卜切成薄片，焯水，过凉。

② 腐竹、菠菜、胡萝卜一起倒入大碗中，加盐、白糖、香油、鸡精。

③ 锅中放入食用油烧热，放入花椒炸出香味，捞出花椒，将花椒油倒入盛腐竹的碗中拌匀即可。

❤ 营养解说
此菜含有极丰富的蛋白质，人体必需脂肪酸、碳水化合物、钙、磷、铁等矿物质，粗纤维，维生素B_2及烟酸。

> **贴心叮咛**
>
> 腐竹的营养价值虽高，但患有肾炎或者肾功能不全、糖尿病、痛风的准妈妈最好少吃，否则会加重病情。

怀孕怎么吃　上篇

滋阴润肺
百合银耳汤

🌿 **原料（2人份）**

干银耳15克，百合、枸杞子各适量。

🍶 **调料**

冰糖适量。

🍲 **做法**

❶ 银耳泡发好，撕成小朵备用；百合泡好，洗净备用。

❷ 锅中加水，放入银耳、百合，大火烧开，加入冰糖，转小火慢熬60分钟左右。

❸ 在关火前5分钟加入洗过的枸杞子，盛起即可。

💗 **营养解说**

此汤甜润可口。百合与银耳含丰富的矿物质，具有滋阴、温补、润肺的作用，是准妈妈养阴安胎、生津整肠的好汤。

贴心叮咛

这道汤品由于含糖多而不利于体重增加过多的准妈妈食用，也不宜于晚餐后服用。

增进食欲
鸡丝凉拌面

🌿 原料（2人份）
细切面500克，熟鸡丝150克，黄瓜、芹菜、胡萝卜各适量。

调料
食用油、鸡汤、盐、鸡精、胡椒粉、葱段各适量。

做法
1. 将黄瓜、芹菜、胡萝卜洗净切成细丝备用。
2. 鸡汤置入汤锅中烧开，放入细切面煮熟后捞出。
3. 将炒锅置火上，放食用油并烧热，下葱段爆香制成葱油，葱捞出弃用，油倒入小碗中凉凉待用。
4. 将细切面装入大碗中，加入盐、鸡精、葱油和胡椒粉调味后，撒上鸡丝、黄瓜丝、芹菜丝及胡萝卜丝，倒入少许鸡汤拌匀后即可食用。

♥ 营养解说
色、香、味俱全，蛋白质含量比较高，且易于消化。准妈妈食用，既有助于消化，又能增进食欲。

孕期不适 特别关注

孕吐

❀ 症状对号入座

大部分准妈妈在怀孕初期，常感到恶心，甚至呕吐，尤其是闻到不喜欢的气味时更易发生呕吐。不过，孕吐通常会在怀孕4个月后逐渐减轻直至消失，所以准妈妈无须过分紧张，只要注意调节饮食习惯，便可顺利渡过孕吐的阶段。

❀ 缓解对策

吃含较多淀粉及糖分的食物可以减轻孕吐，例如饼干、面包、米饭、土豆等。应尽量少食多餐，如将一日三餐的食物分为6~7次吃，在感觉较好的时间进食。此外，避免吃刺激性的食物（如辛辣、油腻、油煎等食物）和闻刺鼻的气味（如烟雾、烹调等气味），都能减轻孕吐。

健脾益胃、缓解呕吐

姜汁甘蔗露

🌿 原料（1人份）
甘蔗榨汁1杯。

调料
姜1块，冰糖适量。

做法
1. 姜去皮，洗净，磨成姜蓉，榨出姜汁1茶匙。
2. 姜汁与甘蔗汁一起倒进杯中拌匀，加入少许冰糖，拌匀。
3. 隔水炖约20分钟即成，或只是煲熟也可。

💗 营养解说
甜辣可口。姜汁益脾胃，能驱寒、健胃、止呕；甘蔗汁则能清热生津、下气润燥、利大肠，可治反胃呕吐。

开胃、止呕

韭菜生姜饮

🌿 原料（1人份）
韭菜250克。

调料
生姜50克，冰糖适量。

做法
1. 将韭菜择洗干净，沥干，切成段，待用；生姜去皮，洗净，切成片，待用。
2. 韭菜、生姜放入榨汁机内，加少许水一并榨汁，再加半碗凉开水搅匀，去渣留汁，加冰糖，待冰糖溶化后即可饮用。

💗 营养解说
开胃、止呕、去痰。适用于妊娠期间呕吐、食欲缺乏。

孕期不适 特别关注

胎动不安

❀ 症状对号入座

怀孕早期，胎儿在子宫内着床不久，准妈妈如出现腰酸腹痛，胎动下坠，或阴道少量流血等症状，可称为胎动不安，都可视为危险现象，要及时就医。

胎动不安的原因多为先天肾气不足，或进行不当的性生活而导致肾气亏虚，气血双亏，冲任失养。过食辛辣味重的食物，或者情绪不稳，也容易导致胎动不安。此外，子宫畸形和病变也会导致胎动不安。

❀ 缓解对策

准妈妈如有胎动不安症状时，饮食方面也须慎重，宜多吃对胎儿有益的食物，避免食用不利于保胎的食物。如准妈妈忌饮浓茶、咖啡、可乐等含咖啡因的饮料；忌吃易引起过敏的食物，多食用富含叶酸的食物；注意饮食卫生，不吃变质的食物，以防因肠炎而导致流产。

补肾安胎

核桃鸡蛋汤

🌿 原料（2人份）
核桃仁6个，鸡蛋2个。

调料
盐适量。

做法
1. 将核桃仁洗净后放入搅拌机，加半碗清水，搅烂，备用。
2. 汤锅置火上，加清水适量，放入搅拌后的核桃煮30分钟，去渣取汁，备用。
3. 将核桃汁重置于锅里，打入鸡蛋拌匀，大火煮沸，加适量盐调味即可。

❤ 营养解说
此汤具有补肾安胎功效，适合胎动不安的准妈妈食用。

贴心叮咛

每日1次，连服数日，症状缓解即可停用。

孕期不适 特别关注

失眠

❀ 症状对号入座

很多孕早期的准妈妈都抱怨每天辗转反侧、难以入眠。孕早期失眠是正常现象，有很多原因，如过度担心腹中胎儿而引起情绪不稳定；对宝宝充满憧憬而在睡前过度兴奋；难以适应早孕反应；尿频现象影响睡眠等。准妈妈长期失眠会导致精神疲劳、头昏眼花、头痛耳鸣、心悸气短等不适症状。不仅对准妈妈自身健康不利，还对胎儿的发育有很大影响。

❀ 缓解对策

准妈妈一定要采用安全有效的方法尽早解决失眠问题，如平时应尽量让自己心态平和，情绪放松，多听听舒缓的音乐，不要总是把所有的精力都放在胎儿身上。吃得好才能睡得好，所以，准妈妈既要注意营养全面，也要吃一些能让自己心情愉快的食物。家人也要多关心准妈妈，给准妈妈营造一个优雅、舒适的生活环境，让准妈妈有安全感。

补心安神

牛肉桂圆汤

原料（2人份）
桂圆100克，牛肉200克。

调料
盐适量。

做法

❶ 牛肉洗净切块，用开水汆烫后洗净；桂圆去壳取肉，洗净待用。

❷ 将牛肉和桂圆肉放入煲中，注入清水，煲约2个小时，加盐调味即成。

营养解说

桂圆有补心安神的作用；牛肉富含蛋白质，这款汤简单易做，是失眠准妈妈的最佳汤品。

 贴心叮咛

孕早期准妈妈不宜多吃桂圆，因为桂圆能助火化燥，凡有阴虚内热的准妈妈都不宜食用。

益肾、补脾、安神

莲子桂圆红枣粥

原料（2人份）

粳米 1/3 杯，莲子 20 克，红枣 25 克，桂圆肉 10 克。

调料

冰糖适量。

做法

1. 莲子、红枣略浸软洗净，红枣去核；桂圆肉洗净后待用。
2. 粳米淘洗干净，放于煲内，加入清水，大火煮沸后加入莲子、红枣、桂圆肉，以小火煲 60 分钟。
3. 粥煮至稠时，加入冰糖，煮至冰糖溶化便可。

营养解说

莲子养心益肾补脾，桂圆肉和红枣都有滋补安神的功效。三者一起熬粥，一周食用 1～2 次，不但有益肠胃，还可缓解准妈妈的失眠症状。

孕期不适 特别关注

牙痛及出血

症状对号入座

准妈妈在孕早期可能会出现牙痛或出血症状。这是因为女性在怀孕后，体内的雌性激素明显上升，尤其是黄体酮水平上升很高，会造成口腔局部牙龈组织肿胀、脆软，容易出血。

缓解对策

准妈妈学会正确护理牙齿很重要，正确的做法是，保持口腔、牙齿的清洁，进食后要刷牙，并定期做牙科检查。在日常饮食中多吃富含维生素C的水果和蔬菜，以及含钙量高的食品。前者可以帮助准妈妈充分吸引食物中的铁质，并且可以帮助提高机体免疫力，预防口腔感染，后者可以帮助保护和强健牙齿。

清热降火、生津止渴

猕猴桃生菜沙拉

原料（2人份）
猕猴桃60克，生菜30克，圣女果50克，大杏仁20克。

调料
盐、柠檬汁、橄榄油各适量。

做法

1. 圣女果对半切开，猕猴桃去皮切片。
2. 生菜撕小片，和圣女果、猕猴桃、大杏仁放在一起。
3. 加少许盐、柠檬汁、橄榄油调味即可。

营养解说

生菜和猕猴桃中膳食纤维和维生素C含量较高，能清热降火、润燥通便；圣女果生津止渴，健胃消食；杏仁具有生津止渴、润肺定喘的功效。这道沙拉能减轻准妈妈在孕期牙痛及牙龈出血症状。

补充维生素C

苹果百合番茄汤

🌿 原料（2人份）
苹果100克，鲜百合20克，番茄150克。

🧂 调料
冰糖、白醋、盐各适量。

🍳 做法
1. 将苹果、番茄洗净切成块；百合剥开洗净，备用。
2. 砂锅内放入适量水，置于炉火上，放入苹果、番茄、百合、冰糖，用小火煮10分钟，最后加入少许盐和白醋即可。

❤ 营养解说
苹果、百合、番茄都含有丰富的维生素C，能有效预防牙痛及牙龈出血。另外，此汤酸甜可口，能够增进食欲。

孕中期（13~28周）补充各种营养素

胎儿发育重点

孕中期是胎儿快速发育的重要阶段，各个器官持续发育并形成，胎儿会吸吮、吞咽、活动四肢。

母体营养补充

为了保证胎儿健康发育，准妈妈对热量、蛋白质、脂肪、微量元素、维生素等各种营养素的需求量显著增加。

膳食安排准则

不挑食、不偏食，选择体积小、营养价值高的食品，注意荤素搭配。

准妈妈所需要的关键营养素

● 摄取足量蛋白质

妊娠中期，为了满足准妈妈的子宫、胎盘、乳房等组织迅速增长的需求，并为分娩消耗及产后乳汁分泌进行适当储备，蛋白质的摄入应足量。准妈妈每天蛋白质的摄入量应不低于80克。同时，此阶段胎儿脑细胞分化发育处于第一个高峰期，蛋白质摄入充足，有利于胎儿脑细胞正常分化。一般每天蛋白质摄入量要比妊娠早期多15克，最好动物性蛋白质占全部蛋白质的一半，另一半为植物性蛋白质（包括大豆蛋白质）。

保证脂肪的供给

脂肪是提供能量的重要物质。动物性食品和食用油都含有丰富的脂肪,准妈妈可根据实际情况做适量的补充和调整。妊娠中期,脂肪开始在准妈妈的腹壁、背部、大腿及乳房部位存积,为分娩和产后哺乳做必要的能量储备。怀孕24周时,胎儿也开始进行脂肪储备。脂肪还是构成脑神经组织的重要成分,必需脂肪酸充足时,胎儿脑细胞的分裂与增殖会正常进行。植物油所含的必需脂肪酸比动物油更为丰富。动物性食品,如肉类、奶类、蛋类已含有较多的动物性脂肪,准妈妈不必再额外摄入动物油,如猪油、羊油、鸡油等,烹调菜肴时,只用植物油即可。

补充多种微量元素

孕中期是胎儿发育最迅速的时期,对营养的需求量特别大。我国准妈妈的铁吸收状况普遍不佳,孕中期缺铁性贫血的患病率高达30%,因此,必须重视孕中期增加铁的摄入量。准妈妈一般只要不偏食,注意增加含铁丰富的动物肝脏、蛋黄、

瘦肉等食品,同时多吃些富含维生素C的新鲜蔬菜和水果,促进食物中铁的吸收和利用,都能从日常饮食中获得足够的铁。

妊娠中期开始,甲状腺功能活跃,碘的需求量也应相应增加。各种海产品都含有丰富的碘,是碘的最好来源。

其他微量元素,如钙、锌、镁等,随着胎儿发育的加速和母体的变化,需求量也相应增加。

增加维生素摄入量

自妊娠中期开始,准妈妈对各种维生素的需求量增加,这时应多吃新鲜蔬菜

和水果以及适量的动物内脏。

维生素 B_{12} 能促进红细胞的发育成熟，如果缺乏，可引起巨幼红细胞性贫血，一般和叶酸缺乏同时存在。维生素 B_{12} 主要存在于动物肝脏中，也存在于奶、肉、蛋、鱼中。植物性食品中一般不含维生素 B_{12}。

妊娠中期，胎儿和准妈妈对维生素 B_6 的需求量增加，尤其在怀孕5个月以后最明显。维生素 B_6 缺乏时，新生儿出生后体重偏低。维生素 B_6 的分布很广，其中含量较多的食物有蛋黄、肉、鱼、奶、全谷物、豆类及白菜。

适量补充 DHA

妊娠中期，胎儿已经初具人形，此时，准妈妈要适量补充 DHA，以促进胎儿大脑发育。直接来源于动物食物的 DHA 应当是准妈妈补充的最佳途径。海鱼、虾，特别是深海鱼类脂肪中 DHA 的含量是最高的，包括金枪鱼、三文鱼、小黄花鱼、面包鱼、鲅鱼、石斑鱼、海鲈鱼、鳗鱼、鲷鱼、基围虾等。此外，黑鱼、罗非鱼中DHA的含量也较高。准妈妈最好每周能吃3～4次鱼虾类，其中包括1次海鱼。

准妈妈的膳食安排

🌸 膳食构成和量

每天的膳食构成情况如下：谷类主食350～500克，如米、面、玉米、小米等；动物性食物100～150克，如牛、羊、猪、鸡、鱼、蛋等；动物内脏50克，每周至少1～2次；水果100～200克；蔬菜500～750克；奶及其制品250～500克；豆类及其制品50克，如豆腐、豆浆、红小豆、绿豆、黄豆等；油脂类25克，如食用油等。

早餐的热量占全天总热量的30%，要吃得好；午餐的热量占全天总热量的40%，要吃得饱；晚餐的热量占全天总热量的30%，要吃得少。

🌸 多吃主食

孕中期，充足的主食可以满足准妈妈的热量需求，也可以减少蛋白质的消耗。孕早期，主食摄入量每日300～400克，到孕中期和晚期，每日可增加100克的摄入量。主食不要太单一，应米、面、杂粮、干豆类搭配食用，粗细搭配，有利于获得全面的营养。

🌸 适当补充植物油

植物油中含丰富的脂肪酸，对胎儿脑部和机体的发育非常重要。孕中期应在烹调过程中稍微多放些植物油,也可多吃些核桃、芝麻、花生等含脂肪丰富的食品。

❀ 预防营养过剩

妊娠早期因食欲减退,可能会造成暂时性的体重降低,但过了这个时期后,准妈妈就会出现胃口大增的情况,应把每日的营养需要合理分配在正餐、加餐和零食中,不要因为每天不停地吃而导致饮食失控。过剩的热量易堆积在体内造成肥胖。所以应控制甜食与油脂性多的高热量食物,多摄取一些含蛋白质、维生素、矿物质的食物。

准妈妈的一日三餐饮食建议

餐 次	用餐时间	精选菜单
早 餐	7:00 ~ 8:00	五谷豆浆1杯,煎鸡蛋2个,蔬菜沙拉1份
加 餐	10:00 左右	冰糖鸭梨汁1杯,坚果、水果适量
午 餐	12:00 ~ 13:00	红烧兔肉1份,鲜虾仁白果蛋炒饭1份,拌莴笋1小盘
加 餐	15:00 左右	蛋糕1块,酸奶1盒
晚 餐	18:00 ~ 19:00	鲫鱼竹笋汤1碗,蟹黄包2个,莴笋粥1碗

推荐给准妈妈的营养菜品

清热润燥

鲜菇肉丸汤

🌿 原料（3人份）

鲜香菇50克，青菜50克，猪肉馅100克。

🍶 调料

高汤、盐、鸡精、酱油、胡椒粉、水淀粉、蛋清各适量。

🍳 做法

❶ 鲜香菇、青菜分别用清水洗净，鲜香菇切薄片，青菜切小段，待用。

❷ 猪肉馅加入酱油、水淀粉、蛋清、盐调匀，待用。

❸ 锅内加高汤，放入鲜香菇、青菜烧滚，把调好味的猪肉馅做成肉丸，逐个迅速落汤烧滚至熟，撒入盐、鸡精、胡椒粉调味即成。

♥ 营养解说

含有蛋白质、脂肪、碳水化合物和多种维生素、矿物质，有清热润燥，消肿解毒，利尿通便的功效。

富含维生素C

香橙鸡肉片

🍃 原料（2人份）

鸡胸肉150克，胡萝卜10克，洋葱50克，芹菜20克。

🧴 调料

盐、鸡精、蒜、干面粉、食用油各适量，橙汁200毫升，鸡汤少许。

做法

❶ 将鸡胸肉洗净切块；蒜切末；胡萝卜、洋葱、芹菜切丁。

❷ 将鸡胸肉沾面粉下油锅用中火煎至金黄。

❸ 锅中倒食用油烧热后放入蒜末爆香，放入胡萝卜丁、洋葱丁、芹菜丁翻炒几下，加盐，倒入鸡汤和鸡胸肉，小火煨煮至熟烂，最后倒入橙汁，放鸡精，稍煮片刻，即可盛碗。

♥ 营养解说

味道鲜美、营养丰富。橙汁中含有大量维生素C，可预防流感；鸡胸肉中含有丰富的营养成分并且脂肪含量较少。

橙汁最好是自己鲜榨的橙汁，因为买的瓶装橙汁含太多防腐剂与食品添加剂，准妈妈不宜食用。

营养师告诉你
怀孕坐月子怎么吃

补充维生素C及多种微量元素
莴笋粥

原料（2人份）
莴笋30克，瘦猪肉30克，粳米50克。

调料
盐、鸡精、香油各适量。

做法
1. 将莴笋切丝，瘦猪肉切末，粳米淘洗干净。
2. 将莴笋丝、猪肉末及粳米放入锅内，加水约400克，置于炉火上煮。
3. 煮至米烂汁稠时，放入盐、鸡精以及香油，稍煮片刻后即可食用。

♥ 营养解说
莴笋富含维生素C，还含有糖类、钙、磷、铁等成分，其中还含有叶酸，对于准妈妈来说，在孕期多吃莴笋，有助于胎儿神经管的正常发育。

贴心叮咛
莴笋怕咸，要少放盐才好吃。另外，吃莴笋时千万不要将叶子丢掉，因为叶子中蛋白质、膳食纤维的含量都高于茎，对准妈妈便秘有一定的食疗作用。

益智健脑
红烧兔肉

原料（3人份）
兔肉（带骨）1000克。

调料
葱、姜、白糖、料酒、青蒜、桂皮、胡椒粉、八角、酱油、鸡精、盐、食用油各适量。

做法
1. 将兔肉洗净去除血水，剁成小块，放入清水锅中煮开后捞起，再冲洗1次；葱切段，姜切片，青蒜切成末。
2. 炒锅置火上，倒入食用油加热，放葱段、姜片、八角、桂皮、白糖炒香。
3. 放入兔肉翻炒均匀后，倒入适量开水、料酒、酱油，大火烧开后转小火，盖上锅盖。
4. 烧至兔肉熟烂后，用大火收汁，放鸡精、青蒜末、撒少许胡椒粉出锅即可。

营养解说
准妈妈食用兔肉，能为胎儿大脑发育提供不可缺少的卵磷脂，有健脑益智的功效，此外，还有助于保持准妈妈皮肤弹性。

富含蛋白质、维生素

蟹黄包

原料（4人份）
面粉1000克，猪五花肉600克，蟹黄、蟹肉共25克。

调料
鲜酵母、盐、酱油、白糖、料酒、香油、熟猪油、葱末、姜末各适量。

做法
1. 炒锅置于火上，加猪油烧热，放葱末、姜末煸炒出香味，放蟹黄、蟹肉，加少量料酒、盐，炒至蟹黄出油、蟹肉收缩时，装盘备用。
2. 猪五花肉洗净，沥干水，剁成肉泥，装入碗中，加入剩余的葱末、姜末、酱油、料酒、白糖、水，搅拌上劲，放入炒好的蟹黄、蟹肉，淋入香油，拌匀，即成馅料。
3. 面粉中加适量鲜酵母，用温水和好、揉匀，待面团发酵后，揉匀揉透，分成大小均匀的面剂，撒少许干面粉，擀成圆皮，将馅料放入圆皮中间，收边捏紧，做成包子。
4. 蒸锅内放水，水烧开后，将包子摆入蒸屉中，用大火蒸20～30分钟，即可食用。

营养解说
含有丰富的蛋白质、碳水化合物、脂肪、多种维生素及无机盐。

怀孕怎么吃　上篇

去积食、防便秘
拌文武笋

原料（2人份）
竹笋500克，莴笋250克。

调料
香油、白糖、盐、鸡精、料酒、姜各适量。

做法
❶ 竹笋剥壳洗净，切成滚刀块，放入开水锅中煮透捞出，沥干水分，放入小盆内。

❷ 莴笋削去外皮，洗净，切成滚刀块，放入开水中焯一下，捞出，沥干水分，盛入小盆内。

❸ 姜洗净，用刀拍散切成末，撒入小盆内，再放入白糖、盐、鸡精、料酒、香油，拌匀，装入盘中即可。

营养解说
本菜品黄绿相间，香脆爽口，含有丰富的钾、磷等矿物质和多种维生素。竹笋具有低脂肪、低糖、多纤维的特点，食用竹笋不仅能促进肠道蠕动，帮助消化，去积食，防便秘，并有预防大肠癌的功效。

竹笋性寒，所以患尿路感染、胆石症以及脾虚、肠滑的准妈妈都应该少食用。食用前先用开水焯一下，可去除竹笋中的草酸。

养颜护肤、提高免疫力
丸子烧白菜

🌱 原料（2人份）
猪肉馅100克，白菜200克。

🧂 调料
食用油、酱油、盐、料酒、水淀粉、高汤、葱末、姜末各少许。

🍳 做法
1. 将白菜切条；猪肉馅放入盆内，加入葱末、姜末、酱油、料酒、盐、水淀粉，搅拌均匀，挤成直径1.5厘米左右的丸子。
2. 锅置火上，倒食用油烧至七八成热，放入丸子，炸成金黄色捞出备用。
3. 锅内留底油，烧热后，放入葱末、姜末炝锅，投入白菜条煸炒断生，加入酱油、盐、高汤、丸子，烧开后加入料酒，用淀粉勾芡即可。

❤ 营养解说
白菜中含有丰富的维生素C、维生素E。准妈妈多吃白菜，可以养颜护肤，提高身体免疫力。

富含多种微量元素

蚕豆炖牛肉

🌿 原料（2人份）

牛肉500克，蚕豆250克。

🍶 调料

盐、鸡精、料酒、姜、葱各适量。

🥘 做法

1. 将牛肉洗净，切块；蚕豆洗净；姜洗净，切片；葱洗净，切段。
2. 锅内加水烧沸，放入牛肉稍煮片刻，捞起备用。
3. 取砂锅，放入牛肉块、蚕豆、姜片、葱段、料酒，加入清水，用中火炖约120分钟，调入盐、鸡精即可。

❤ 营养解说

蚕豆富含蛋白质、碳水化合物、粗纤维、磷脂、胆碱、维生素B_1、维生素B_2、烟酸和钙、磷、铁、钾、钠、镁等多种微量元素，尤其是其中的磷和钾含量较高。准妈妈常食蚕豆有利于胎儿的脑发育。

贴心叮咛

食用蚕豆一定要煮熟，以破坏蚕豆中含有的一种可引起过敏反应的物质。蚕豆不易消化，故脾胃虚弱的准妈妈不宜多食，以免损伤脾胃，引起消化不良。

【盐水蚕豆】将洗好的蚕豆倒入锅中，放适量的水，待水烧开后放入盐、糖，转小火慢煮。蚕豆煮熟后用勺子捞出，晾凉后即可食用。

营养师告诉你
怀孕坐月子怎么吃

补充 DHA 和微量元素
清蒸鲈鱼

🌿 原料（2人份）
鲈鱼1条。

🧴 调料
食用油、生抽、白糖、料酒、盐、辣椒、白胡椒粉、酱油、葱、姜各适量。

做法

1. 将新鲜鲈鱼收拾干净；姜和辣椒切丝，葱撕条。
2. 用料酒将鱼周身抹匀，腌3分钟，清除残液，再用盐和鲜酱油抹匀，腌5分钟，撒上辣椒丝和姜丝。
3. 起炒锅，倒入生抽、料酒、酱油，小火烧热后，加入白糖、白胡椒粉，调成汁，可根据自己的口味稍加调整。
4. 蒸锅内盛水烧开后，再将鱼入锅，大火蒸8分钟。
5. 打开蒸锅盖，将葱条铺在鱼上，盖上锅盖，关火。关火后，别打开锅盖，鱼不取出锅，利用锅内余温"虚蒸"8分钟后立即出锅，再将预先备好的料汁淋上。
6. 再起炒锅，倒入少量油加热，油烧热后用勺子均匀地泼在鱼上面，即可食用。

❤ 营养解说

鲈鱼中富含蛋白质、脂肪、钙、磷、铁、铜、维生素等成分，具有很高的营养价值，是补肝肾、益脾胃的佳品，还可治疗胎动不安、产后少乳等症。准妈妈吃鲈鱼，既可补身又不会导致肥胖。鲈鱼中的DHA含量居所有淡水鱼类之首。

贴心叮咛

清蒸的鱼一定要选新鲜的，这样蒸出的鱼才鲜嫩可口，冷冻过的鱼不适合清蒸。DHA不耐高热，因此对于富含DHA的鱼类，最好采用清蒸或炖的方法。蒸的时间不可过长，否则鲈鱼的味道就不鲜美了。一定要"虚蒸"，这样蒸出的鱼松软嫩滑，味美芳香，并具有较高的营养价值。

富含蛋白质和维生素

鱼肉豆腐羹

原料（2人份）
豆腐100克，无骨鱼肉30克，胡萝卜50克。

调料
食用油、盐各适量。

做法
1. 豆腐研成泥状；鱼肉去骨刺，剁成泥；胡萝卜削皮，洗净蒸熟，研成泥状。
2. 把豆腐泥、鱼肉泥、胡萝卜泥、盐，混合在一块，搅拌均匀，上锅蒸6～7分钟。
3. 另起锅，倒入食用油，油烧开后浇到鱼肉豆腐羹上即可。

营养解说
鲜香美味，润滑爽口。豆腐和鱼含有丰富的维生素和蛋白质，并且有清热解毒，滋阴润燥，预防感冒的功效，非常适宜准妈妈食用。

含多种氨基酸和微量元素
黄蘑炖小鸡

原料（2 人份）
小鸡 1 只，水发黄蘑、油菜各少许。

调料
盐、花椒、高汤、姜块、葱段、八角、食用油各适量。

做法

1. 将鸡洗净，剁成块；黄蘑洗净，撕成小块；油菜洗净，切成段。
2. 锅内放水烧沸后，将黄蘑放入沸水烫透，捞出，沥净水分；锅内另放水烧沸，将鸡块放入焯一下，捞出，沥净水分。
3. 锅内放少量食用油烧热，用葱段、姜块炝锅，放入高汤，加鸡块、黄蘑、花椒、八角、盐，烧沸后转小火。
4. 鸡肉炖烂时加入油菜，再炖 2～3 分钟，拣出八角、葱段和姜块，盛入碗内即可。

营养解说
黄蘑含蛋白质、脂肪、糖类、多种氨基酸和多种微量元素以及维生素，而鸡肉补益五脏，非常适合孕中期的准妈妈食用。

挑选黄蘑时要注意鉴别，真正的黄蘑有蘑菇香味，里外颜色均匀，用手掐较易折断，而假黄蘑则不具备这样的特点。鸡肉本身就具有鲜味，所以烹饪时不用放鸡精。

生津润燥
冰糖鸭梨汁

原料（2人份）
鸭梨250克，柠檬50克。

调料
冰糖、纯净水各适量。

做法

❶ 将鸭梨去皮、去核，切小块，备用。

❷ 将柠檬去皮，切块，备用。

❸ 将鸭梨和柠檬放入榨汁机，加入适量的纯净水和冰糖后，打匀滤渣后即可饮用。

营养解说

鸭梨性凉，具有生津润燥、清热化痰的功效。冰糖性平，有补中益气、和胃润肺的功效。这道饮品具有止咳润肺、清咽利喉的功效。

富含蛋白质及维生素

豆沙藕夹

🌿 原料（2人份）
鲜藕500克，豆沙馅200克，鸡蛋1个。

调料
芝麻、面粉、淀粉、白糖、食用油各适量。

做法
1. 拣去芝麻中的杂质，淘洗干净，炒熟，放入豆沙馅内，再加白糖拌匀。
2. 将鸡蛋磕入碗内，加面粉、淀粉及少量的水，搅成蛋糊。
3. 将藕去节，洗净，切成两片相连的连刀片，抹入豆沙馅备用。
4. 锅置火上，倒入食用油，烧至六成热时，将抹好馅的藕夹挂上蛋糊，入油锅中炸至金黄色时捞出，控净油，装盘，再撒上白糖即可。

❤ 营养解说
本菜品色泽金黄，脆香软甜，营养丰富。藕含有丰富的蛋白质，碳水化合物，钙、磷、铁及多种维生素，其中维生素C的含量特别多，食物纤维含量也高。

营养师告诉你
怀孕坐月子怎么吃

利水化湿

冬瓜皮鲢鱼汤

🌿 原料（2人份）
鲢鱼200克，冬瓜皮30克。

🧂 调料
盐适量。

做法
① 鲢鱼去除鳞鳃及内脏，洗净；将冬瓜皮洗净。

② 取一砂锅，加水约500克，置火上，再放入鲢鱼及冬瓜皮，煮约30分钟左右，放入盐，稍待片刻即可离火盛出食用。

♥ 营养解说
鲢鱼有温中益气、暖胃功效；冬瓜皮味甘，性寒，具有清热、利水、消肿的功效。二者合用，能利水化湿。

怀孕怎么吃　上篇

补铁补血
青椒炒猪血

原料（2人份）
猪血100克，青椒100克。

调料
盐、食用油、香油、花椒粉、葱丝、姜片、蒜片、老抽、鸡精各适量。

做法
1. 将青椒切片；猪血切片，沸水汆熟。
2. 锅内加油烧热，放入花椒粉、葱丝、姜片、蒜片爆香，加入猪血、青椒、老抽、盐，翻炒均匀，加适量水，稍焖片刻。
3. 放鸡精、香油，翻炒均匀即可出锅。

营养解说
猪血富含维生素B_2、维生素C、蛋白质、铁、磷、钙等营养成分。猪血中含的铁以血红素铁的形式存在，容易被人体吸收利用，准妈妈经常食用可以防治缺铁性贫血。

贴心叮咛
正常猪血颜色暗红，表面或者断面都很粗糙且有层次感，因为猪血里面富含氧气，凝结的时候会有气泡冒出，形成猪血块里的气泡。而假猪血由于添加了色素，颜色十分鲜艳，切面光滑平整，看不到气孔。买猪血时可根据颜色、有无气泡等特点来鉴别猪血的真假、优劣。

益气、清热
鲫鱼竹笋汤

原料（2人份）

鲫鱼500克，鲜竹笋120克。

调料

盐、鸡精、料酒各适量。

做法

❶ 将鲫鱼去鳞、鳃及内脏后洗净；鲜竹笋洗净，切片。

❷ 将鲫鱼、笋片放入锅内，加入适量清水，用大火烧沸，撇净浮沫后加入盐、鸡精、料酒，改用小火煮熟即成。

营养解说

味道鲜美，营养丰富，有益气、清热的作用，能预防妊娠期高血压疾病的发生。

健脾养胃、益气安神

黄鱼羹

原料（2人份）
黄鱼1条（约500克），鲜豆瓣100克。

调料
葱末、姜末、盐、鸡精、淀粉、黄酒、胡椒粉、熟猪油各适量。

做法
1. 将黄鱼去除鳞、鳃和内脏，撕去鱼皮，洗净，放入锅里加适量水煮熟捞出，剔除鱼骨，将鱼肉切成蒜瓣状，鱼汤滤去杂质。
2. 锅置火上，放入熟猪油烧热，下鲜豆瓣、葱末、姜末爆炒后，加入鱼汤、鱼肉、黄酒和盐，烧3分钟左右，加入鸡精，并将淀粉调稀，缓缓淋入锅内勾芡，待汤汁浓稠时，撒上胡椒粉即可食用。

营养解说
黄鱼含有丰富的蛋白质、矿物质和维生素，具有健脾养胃、安神、止痢、益气的功效，贫血、体质虚弱、失眠、头晕、食欲缺乏的准妈妈经常食用很有好处。

预防便秘
姜汁黄瓜

🌱 原料（2人份）
嫩黄瓜500克。

🍶 调料
生姜25克,白糖、盐、香油、鸡精各适量。

🍴 做法
❶ 将黄瓜洗干净,放在案板上,一剖为二,切成粗条,加盐拌匀。15分钟后,沥去水分,盛入小盆中。

❷ 将生姜洗净,切碎挤成姜汁,撒在黄瓜上。倒入白糖、香油、鸡精,搅拌均匀,腌渍10分钟后即可装盘食用。

❤ 营养解说
香脆爽口。含有多种维生素及矿物质。黄瓜中所含的纤维素还具有预防便秘的功能。

黄瓜生吃最好,入菜则尽量带皮食用。烹调时间不宜过长,温度不宜太高,以免造成维生素C流失。

富含蛋白质和微量元素
奶白鲫鱼汤

🌿 原料（2人份）
鲫鱼1条。

🧂 调料
姜3片，蒜1粒（拍散），小葱1棵（切碎），食用油、盐、鸡精各适量。

🍳 做法
1. 把鲫鱼处理干净，洗净，控干水分。
2. 锅里放食用油，烧热后，用铲推开，放入鲫鱼略煎一下，煎到鱼肉变色后，倒入1.5碗的温水。
3. 放入姜片和蒜盖上锅盖，大火煮沸后改中火炖20分钟，汤即成白色。
4. 加入适量盐和鸡精，再炖2分钟即可起锅，最后撒上葱花。

❤ 营养解说
鲫鱼肉质细嫩，肉味甜美，营养价值很高，富含蛋白质、脂肪及钙、磷、铁等矿物质。

清洗鱼腹时要把里面的一层黑膜去掉，因为黑膜不但有腥味，还会使汤变黑；要等锅烧热后再放油，油热后再放鱼，这样鱼才不会粘锅；想让汤成奶白色，煎鱼时要把鱼煎至两面变黄再加温水。

补血健脑

花生奶露

🌿 原料（2人份）

花生180克，鲜奶200毫升，大米100克。

调料

冰糖适量。

做法

1. 花生去红衣，洗净，沥干水分；大米洗净，放开水中泡30分钟；然后将花生、大米、水放在搅拌机中，打碎。
2. 锅中放入200毫升的水，加入冰糖，水烧开后加入打碎的花生、大米和鲜奶，注意加的时候速度要慢，要边加边搅拌，直至汤汁变稠，盛出食用。

❤ 营养解说

花生不仅含丰富的脂肪和蛋白质，并且含有维生素B_1、维生素B_2、烟酸等多种营养物质。另外，花生中矿物质含量也很丰富，特别是含有人体必需的氨基酸，有促进脑细胞发育、增强记忆力的功能。牛奶更是营养丰富。这道饮品特别适合准妈妈饮用。

孕期不适 特别关注

小腿抽筋

❀ 症状对号入座

到了怀孕中期，有些准妈妈会出现腿部抽筋的症状，例如，小腿肌肉和脚掌常会发生痉挛性的疼痛，有时更会痛到令准妈妈从睡梦中惊醒，这种情况是由于血液中的钙不足所致。孕中晚期，准妈妈每天钙的需求量增至1 200毫克。如果膳食中钙及维生素D含量不足，会加重钙的缺乏，从而增强肌肉及神经的兴奋性。而夜间血钙水平比日间要低，所以抽筋常在夜间发作。

❀ 缓解对策

预防胜于治疗，准妈妈必须确保每日能摄取足够的钙。准妈妈应有选择地多吃些含钙丰富的食物，如牛奶、棒骨、海带、虾皮、紫菜、芝麻酱等。维生素D可帮助钙的吸收，所以在膳食中要适当增加富含维生素D的食物，如奶油、蛋黄、动物肝脏等。

营养师告诉你
怀孕坐月子怎么吃

补钙，防抽筋
棒骨海带汤

原料（2人份）
海带100克，猪棒骨1根。

调料
葱段、姜片、大料、醋、盐各适量。

做法

1. 海带洗净，切成丝备用；猪棒骨洗净后，用开水焯一下，去除血沫等杂质。
2. 将焯好的猪棒骨放入热水锅中，和葱段、姜片、大料一起煮。
3. 猪棒骨六成熟时放入海带，并加入适量的醋。
4. 猪骨棒煮至熟透，出锅前放盐调味即可。

营养解说

海带富含维生素B_1、维生素B_2、维生素C、维生素P及胡萝卜素，碘、钾、钙等微量元素。猪骨除含蛋白质、脂肪、维生素外，还含有大量磷酸钙、骨胶原、骨黏蛋白等。这汤营养丰富，适合因缺钙引起腿部抽筋的准妈妈食用。

贴心叮咛

在猪棒骨汤中加些醋，可以促进猪棒骨中的钙更多地溶解在汤里，有利于吸收。

补充钙及蛋白质
鲜奶炖鸡蛋

原料（2人份）

鲜奶250毫升，新鲜鸡蛋2个。

调料

白糖适量。

做法

① 鸡蛋磕入碗中，用筷子按同一方向用力打散，直到蛋白和蛋黄混合均匀。

② 将鲜奶注入蛋液中搅匀，再放入白糖，搅拌至糖溶化，将碗放入盛有沸水的锅中，盖好锅盖，以中火蒸7分钟即成。

营养解说

香甜可口，营养丰富。鸡蛋中含有大量的维生素、矿物质、蛋白质。鲜奶中含有丰富的钙，这道菜是准妈妈补钙的好选择。

孕期不适　特别关注

痔疮

❁ 症状对号入座

孕中晚期，准妈妈的便秘状况最为严重，这是因为孕期分秘大量的黄体酮，使子宫平滑肌松弛，同时也使大肠蠕动减弱。由于子宫不断增大，重量增加，压迫准妈妈的肠道，妨碍了直肠内的血液流通，使盆腔器官血液回流减少，令直肠周围的静脉曲张，形成痔疮。任何会增加腹部压力的情况，如便秘、咳嗽、提重物等，都会使痔疮的症状加剧。

❁ 缓解对策

平日应多喝水，多吃高纤维食物，如糙米、麦芽、全麦面包、牛奶、芹菜等新鲜蔬果，尽量少吃刺激的辛辣食品，预防便秘。如果已经患有痔疮，则要经常保持肛门周围清洁，避免刺激发作。

润肠通便
松子仁粥

润肠增津
香蜜茶

🌿 原料（2人份）
松子仁30克，粳米100克。

🧂 调料
盐适量。

🍳 做法
1. 将松子仁去皮，取洁白者，洗净；把粳米放入水中淘洗干净，待用。
2. 在锅中加适量清水，放入松子及粳米，置炉火上煮，大火烧开后改用中小火煮至米烂汁黏时，加入少许盐调味，即可食用。

❤ 营养解说
润肠通便。对患有便秘、痔疮的准妈妈有一定疗效。每日可食1～2次。

🌿 原料（1人份）
蜂蜜80克，香油35毫升。

🍳 做法
1. 将1杯开水凉凉待用。
2. 将香油放入另一空杯中，不断搅拌，搅至起泡且泡沫浓密时，倒入蜂蜜。
3. 把香油和蜂蜜混匀，加入凉开水中调服，早晚各1次。

❤ 营养解说
香油含丰富的不饱和脂肪酸，可解毒通便，与蜂蜜相配，可润肠增津、滑肠通便。对于肠道津枯便秘、患痔疮的准妈妈有一定疗效。

【蜂蜜芝麻糊】取蜂蜜2～3匙，黑芝麻焙熟研细末2～3匙，兑开水（温凉均可）200～300毫升，调成糊状。口服，早晚各1次。

孕期不适 特别关注

妊娠期贫血

❀ 症状对号入座

在怀孕期间,为了供应胎儿发育所需,母体的血液需求量大增,容易出现贫血的症状。膳食中铁的吸收率较低也是准妈妈发生贫血的主要原因之一。贫血的准妈妈常感到手脚冰凉、疲倦、晕眩及心悸、气喘等。

❀ 缓解对策

孕期出现贫血,一般在饮食上注意多摄取含铁丰富的食物,情况自然会好转。此外,多进食绿叶蔬菜、奶类、硬壳果以及其他高蛋白质食物,也可以改善贫血症状。在必要的情况下,医生会建议准妈妈服用孕妇专用的铁剂改善贫血状态。

食补中,最适合准妈妈而又简单易做的,首推清汤牛肉。牛肉既可补脾胃、益气血,又能强壮筋骨。做法是,先将牛肉剁烂放入盅内,加入适量清水,再放些老姜或姜汁,然后隔水炖约2小时,便成一盅滋补益血的佳品了。此外,菠菜与鸡肝都是含大量铁质、叶酸的典型食品,将其配合做成菜或汤,对治疗贫血很有效果。

补铁补血

菠菜鸡肝汤

🌿 原料（2人份）

鸡肝4副，菠菜250克。

🧂 调料

姜汁1汤匙，生姜1片，盐适量。

🍲 做法

1. 鸡肝洗净，每副切成4～5块，然后放入加了姜汁的沸水内略煮，捞出、洗净，以去除腥味；菠菜洗净，切成适当长度待用。
2. 在汤煲内注入适量清水，煮沸后放入姜片及鸡肝；待汤再煮沸后，加入菠菜同煮。
3. 汤再度煮沸后，加盐调味即可。

❤ 营养解说

如果不喜欢用鸡肝，可改用猪肝，同样有补血的作用；菠菜含丰富的铁及维生素，但是要注意菠菜不宜生吃，最宜做汤；鸡肝中铁含量丰富，是补血佳品之一。

贴心叮咛

准妈妈最好菜汤同吃，如果只饮汤，功效便会大大降低。由于肝脏容易累积毒素，所以鸡肝在烹调前最好先"去去毒"，用淡盐水浸泡2～3个小时，再放清水里泡一会。另外，加热时间不能过短，否则难以杀死鸡肝中的某些病菌和寄生虫卵。

补血滋阴

阿胶白皮粥

🌿 原料（2人份）

阿胶、桑白皮各15克，糯米100克。

🧂 调料

红糖8克。

🍳 做法

1. 将桑白皮水煎2次，去渣取汁。
2. 糯米淘净，放入锅内，加水煮10分钟，倒入桑白皮汁、阿胶，小火煮至粥熟后放入红糖。

❤ 营养解说

此粥补血滋阴，润燥清肺。准妈妈每日早晚空腹服2次，可改善贫血症状。

孕期不适 特别关注

妊娠期糖尿病

症状对号入座

妊娠期糖尿病是指怀孕前未患糖尿病,而在怀孕时才出现高血糖的现象,其发生率为1%～3%。孕期有效控制血糖升高,可以预防巨婴症,还有利于准妈妈顺利生产。妊娠糖尿病最主要的症状是喝水多、吃饭多、小便多。一些准妈妈缺乏糖尿病知识,误认为多吃、多喝是怀孕后正常的身体需要,其实这是糖尿病的症状。

缓解对策

患妊娠期糖尿病的准妈妈通过饮食控制及适量的运动,血糖大多能控制在理想的范围内。在饮食方面,准妈妈要少食多餐,控制甜食、水果及脂肪含量高的食物的摄入量。另外,多吃含纤维素较多的食物,可延缓血糖上升,有利于控制血糖。准妈妈还要适当运动,尤其是坚持餐后散步。

温中益气、利水消肿
双椒炒南瓜

🌱 原料（2人份）
南瓜300克，青椒50克，干红辣椒丝3克。

🧂 调料
食用油、葱末、蒜末、盐、料酒、鸡精、香油各适量。

做法
1. 干红辣椒丝泡软；青椒切丝；南瓜去皮、去瓤、切丝。
2. 锅置火上，烧热后放适量食用油，煸炒红辣椒丝，放入葱、蒜、青椒丝、南瓜丝、料酒、少许水、盐煸炒2分钟。
3. 出锅前放鸡精、香油调味即可。

❤ 营养解说
温中益气、利水消肿、解毒，有助于控制餐后血糖上升。

上篇 怀孕怎么吃

降糖、降脂
口蘑烧西蓝花

🌿 **原料（2人份）**

口蘑60克，西蓝花140克。

🧂 **调料**

食用油、盐、葱丝、姜丝、香油、水淀粉各适量。

🍳 **做法**

① 西蓝花洗净掰成小块，口蘑洗净切片。

② 油锅烧热，爆香葱丝、姜丝，放入西蓝花，加少许水焖炒片刻。

③ 放入口蘑、盐、香油，翻炒入味，勾薄芡即可出锅。

❤ **营养解说**

口蘑能够提高机体免疫力、降血脂、降血压、降选糖、预防便秘、减肥美容。这道菜具有降糖、降脂，宽肠益气，散血热等功效。

最好选用鲜口蘑，食用袋装口蘑前，一定要多漂洗几遍。购买口蘑宜选形状规整，没有黑点、斑点及发黏现象的。口蘑味鲜，做菜时无需再放鸡精或味精。

孕晚期（29~40周）
均衡营养，控制热量的摄入

胎儿发育重点 ▶

孕晚期，胎儿的活动渐渐增多，肌肉和神经都已经很发达，心脏和听觉器官大体已经发育完全，体重增长迅速。

母体营养补充 ▶

孕晚期，容易发生妊娠高血压等疾病，因此应当在饮食上加以控制。

膳食安排准则 ▶

注重质量而不是数量；调整饮食，为分娩做准备。

准妈妈所需要的关键营养素

碳水化合物

孕晚期，胎儿开始在肝脏和皮下储存糖原及脂肪。此时如果碳水化合物摄入不足，准妈妈会出现全身无力、疲乏、头晕、心悸、低血糖等症状。同时也会引起胎儿血糖过低，影响正常的生长发育。所以准妈妈在饮食上应增加主食的摄入，如大米、面条等，还要增加一些粗粮，比如小米、玉米、燕麦片等。

膳食纤维

孕晚期,逐渐增大的胎儿给准妈妈的身体带来负担,准妈妈很容易发生便秘,进而可能引发内外痔。为了缓解便秘带来的痛苦,准妈妈应该注意摄取足够量的膳食纤维,以促进肠道蠕动。全麦面包、芹菜、胡萝卜、白薯、土豆、豆芽、菜花等各种新鲜蔬菜水果中都含有丰富的膳食纤维。

维生素 B_1

在孕期最后一个月里,准妈妈必须补充各类维生素和足够的铁、钙,尤其以维生素 B_1 最为重要。如果维生素 B_1 不足,易引起准妈妈呕吐、倦怠、体乏,还会影响分娩时子宫的收缩,使产程延长,导致分娩困难。维生素 B_1 在豆类、糙米、牛奶、动物内脏中的含量比较高。

富含锌的食物可帮助你自然分娩

研究表明，产妇的分娩方式与其在孕晚期饮食中锌的含量有关。锌对分娩的影响主要是可以增强子宫中酶的活性，促进子宫收缩，以帮助产妇顺利地自然分娩。富含锌的食物有肉类、海产品、坚果、豆类等。

维生素 K 可预防分娩时大出血

维生素 K 经肠道吸收，在肝脏产生出凝血酶原及凝血因子，有很好的防止出血的作用。准妈妈在预产期的前一个月应有意识地从食物中摄取维生素 K，可预防分娩时大出血，也可预防新生儿因缺乏维生素 K 而引起的颅内、消化道出血等。富含维生素 K 的食物有菜花、白菜、菠菜、莴笋、干酪、动物肝脏、谷类等。

摄入充足的钙和磷

胎儿牙齿的钙化速度在孕晚期增快，到出生时全部乳牙就都在牙床内形成了。如果此阶段饮食中钙、磷供给不足，就会影响今后宝宝牙齿的生长。所以准妈妈要多吃含钙、磷的食物。含钙丰富的食物有牛奶、蛋黄、海带、虾皮、银耳、大豆等。含磷丰富的食物有瘦肉、动物肝脏、奶类、蛋黄、虾皮、大豆、花生等。

❀ 孕晚期，补铁至关重要

　　胎儿在最后的3个月储铁量最多，足够满足出生后3～4个月造血的需要。如果此时储铁不足，在婴儿期很容易发生贫血。而准妈妈若在此时因缺铁而贫血，就会出现头晕、无力、心悸、疲倦等症状，分娩时容易出现子宫收缩无力、滞产及感染等，并对出血的耐受力差。所以，在孕晚期一定要注重铁的摄入量，每天应达到35毫克。肝、肾、血、心、肚等动物内脏，含铁特别丰富，而且吸收率高。其次为瘦肉、蛋黄、水产品等。

准妈妈的膳食安排

❀ 注重质量，而不是数量

　　孕晚期，胎儿发育基本成熟，这时要适当控制进食量，特别是高蛋白、高脂肪的食物，以免胎儿过大给分娩带来一定困难。孕晚期，准妈妈的饮食应该注重质量，而不是数量，以免体重过度增加或者胎儿发育为巨大儿，造成分娩困难。

增加豆类蛋白质和动物肝脏的摄入

孕晚期膳食中除保证肉、鱼、蛋、奶等动物性食品的摄入外，还可多增加一些豆类蛋白质，如豆腐、豆浆，还要注意动物肝脏的摄入，因为动物肝脏中含有铁、维生素 B_2、叶酸、维生素 B_{12} 及维生素 A 等，是孕晚期补充铁的理想食品。

调整食谱，为分娩做准备

孕晚期，尤其是怀孕最后一个月应限制脂肪和碳水化合物的摄入量，以免胎儿生长得太快而影响顺利分娩，主食可以适量减少，增加副食的比例。同时，还要注意不可摄取过多的盐和水分，以防妊娠水肿。准妈妈可以根据自身体重的增加来调整食谱，为分娩储存必要的能量。

准妈妈的一日三餐饮食建议

餐　次	用餐时间	精选菜单
早　餐	7:00～8:00	牛奶1杯，鸡蛋1只，全麦面包2片，奶香馒头1个
加　餐	10:00左右	酸奶1杯，适量坚果和水果
午　餐	12:00～13:00	鸭肉烩山药1份，花生仁拌菠菜1小盘，米饭1碗
加　餐	15:00左右	适量水果，奶酪1块
晚　餐	18:00～19:00	虾仁百合扒豆腐1份，金针汤1碗，豆沙包2个
加　餐	21:00～22:00	牛奶1杯

推荐给准妈妈的营养菜品

提高免疫力
鸭肉烩山药

富含 B 族维生素、维生素 E

💐 **原料（2 人份）**

鸭肉 180 克，山药 180 克。

🧂 **调料**

葱丝、姜片、食用油、料酒、老抽、盐各适量。

🍲 **做法**

❶ 山药洗净削皮、切块；鸭肉切块，焯水后捞出，沥净水分备用。

❷ 锅烧热，放食用油，后放入鸭肉煸炒至变色。放葱丝、姜片、料酒、老抽，加适量水，用大火烧沸。

❸ 改小火炖煮至将熟，放入山药块，加盐。鸭肉、山药炖熟后即可出锅。

💗 **营养解说**

鸭肉脂肪含量较低，其中的不饱和脂肪易被人体消化。经常食用可增强体质，提高免疫力。山药则可以消除食物油腻感，山药和鸭肉同时食用，可降低血液中胆固醇的含量，还可起到很好的滋补效果。

生精养血，补益五脏
板栗焖鸡

🌿 原料（2人份）
整鸡1只（约500克），去壳板栗50克。

🍶 调料
葱末、姜片、酱油、料酒、盐、食用油各适量。

🍳 做法
1. 整鸡斩成块，焯水后捞出，备用。
2. 炒锅置火上，倒入食用油，待油热放入葱末、姜片炒香。
3. 将鸡块和板栗倒入锅中翻炒均匀，加入酱油、料酒和适量开水大火煮沸，转成小火，盖上锅盖。
4. 焖至鸡块熟透，用盐调味即可出锅。

❤ 营养解说
栗子中含有丰富的不饱和脂肪酸、多种维生素和矿物质，具有养胃健脾、补肾强筋的功效，与具有生精养血、补益五脏的鸡肉相搭配有补而不腻的功效。

补肝益肾、降血压

虾仁百合扒豆腐

🌱 原料（2人份）
虾仁100克，豆腐200克，竹笋50克，百合20克。

调料
盐、食用油、姜、葱各适量。

做法
① 百合洗净后放入碗内，加50毫升水，上笼蒸熟待用；竹笋洗净，泡发后撕成条；虾仁洗净；豆腐切成块；姜切片，葱切段。

② 炒锅置于火上，倒入食用油，待油烧至六成热时，放入姜片、葱段爆香，加入虾仁、豆腐、百合、竹笋，再加水50毫升，10分钟后，加盐调味即可食用。

❤ 营养解说
清爽开胃，能促进准妈妈的食欲，还有补肝益肾、降低血压的功效。

提高免疫力
萝卜炖牛肉

原料（2人份）
牛肉500克，白萝卜250克，洋葱100克，嫩豆荚50克，红辣椒10克。

调料
淀粉、胡椒粉、盐、食用油各适量。

做法
1. 牛肉切成方块状，撒上盐、胡椒粉、淀粉，拌匀；白萝卜切成滚刀块；嫩豆荚切段；洋葱切片；红辣椒切段，备用。
2. 锅放置火上，倒入食用油烧热，放入牛肉块炒成茶色后放入少许洋葱片共炒。
3. 锅内加入热水4碗，盖好锅盖。煮开之后，改用小火煮炖60分钟。
4. 在煮炖过程中，按先后顺序分别放入白萝卜、豆荚和红辣椒。
5. 在白萝卜等原料煮好前20分钟放盐，并用淀粉调成糊状放在汤里，使汤汁黏稠即可。

营养解说
白萝卜含有丰富的维生素A、维生素C、淀粉酶、氧化酶、锰。对于胸闷气喘、食欲减退、咳嗽痰多等都有食疗作用，牛肉中丰富的蛋白质，能提高机体免疫力。水牛肉能安胎补神，黄牛肉能安中益气、健脾养胃、强筋壮骨。

吃白萝卜时最好不要削皮，因为白萝卜皮中钙含量很丰富。白萝卜属于寒凉蔬菜，阴盛偏寒体质、脾胃虚寒体质的准妈妈不宜多食。

【洋葱炒牛肉】牛肉切片放入生粉、盐、生抽、料酒腌10分钟；洋葱洗净切片；青椒及各种配料切好备用。锅放油，放姜片爆一下，放入腌好的牛肉快炒，快炒至牛肉断生，盛出备用。原锅放入洋葱片、青椒片炒匀，放少量盐，炒断生后加入炒好的牛肉片，放鸡精炒匀，起锅装盘。

健胃、除湿
油泼莴笋

🌿 原料（1人份）
嫩莴笋1根。

调料
食用油、盐、鸡精、葱丝、花椒各适量。

做法
① 将莴笋去皮洗净，切成长条状。
② 锅内加水烧开后放入莴笋，大火滚开后关火。随即放入盛有冷水的容器中，过水后捞出放入盘中，撒少许盐、鸡精腌制，并摆放好葱丝待用。
③ 热锅下油烧至八成热，放入适量花椒粒，煸至花椒变黑关火，捞出花椒粒，将油淋到莴笋上即可。

♥ 营养解说
此道菜清淡、爽口。莴笋具有镇静、除湿、利尿、降压、健胃消食等功效，莴笋所含矿物质比其他蔬菜高5倍，对缺锌引起的消化不良、厌食等症有很好的疗效，对防治缺铁性贫血，改善肝脏功能有一定辅助疗效，还可强壮机体、润肠通便。

莴笋的做法很多，凉拌、烹炒都可以，但都要保持它脆嫩的特色；吃莴笋时不要丢弃叶子，因为叶子中所含的营养成分更高；莴笋怕咸，盐要少放一点。

富含蛋白质及多种维生素

鱼肉馄饨

🌿 原料（2人份）

净鱼肉125克，猪肉馅75克，绿叶菜50克。

调料

料酒、葱花、面粉、鸡精、盐、熟鸡油各适量。

做法

1. 鱼肉剁成泥，加盐拌匀，做成鱼丸；砧板上放干面粉，把鱼丸放在干面粉里逐个滚动，使鱼丸渗入干面粉后有黏性，并用擀面杖做成直径为7厘米左右的薄片，即成鱼肉馄饨皮。
2. 将猪肉馅做成馅心，用鱼肉馄饨皮卷好捏牢。
3. 锅内放入适量清水，大火烧沸，下馄饨，用筷子轻搅，以免黏结。开锅后用小火烧至馄饨浮上水面后5分钟左右，即可捞出。
4. 在剩下的汤中加盐和料酒，烧沸后放入绿叶菜（油菜、小白菜均可），放点鸡精，倒入盛有馄饨的碗中，撒葱花，淋上鸡油即可食用。

富含碳水化合物和膳食纤维
豆苗牛丸汤

原料（2人份）
豆苗500克，牛肉300克。

调料
蒜蓉、盐、香油、淀粉各适量。

做法
1. 牛肉洗净剁烂，加入盐、香油拌匀，沿顺时针方向搅至起劲；淀粉加水调匀，边搅肉馅边加入水淀粉，再将肉馅做成牛肉丸。
2. 豆苗洗净，待用。
3. 炒锅加油烧热，放蒜蓉爆香，放入豆苗快炒，加入适量盐及水，然后将牛肉丸一个个放入，加上锅盖煮至豆苗及牛肉丸熟后，便可食用。

营养解说
这道汤富含钠、钾、叶酸、镁、蛋白质、碳水化合物、膳食纤维等营养素，非常适合准妈妈食用，而且准妈妈适当多补充牛肉，可以增强体力。

贴心叮咛

豆苗可以换成豆芽、小白菜或者其他青菜；牛肉丸不要用超市里散装的那种，会有冷冻味，煮出来的汤味道不好；牛肉丸也可以换成自制的鱼丸、虾丸或者鸡肉丸。

养肝清肺、强壮筋骨

鹌鹑山药粥

🌿 原料（2人份）

粳米100克，鹌鹑肉300克，山药50克。

🍶 调料

姜、葱、盐各适量。

🥣 做法

❶ 山药洗净，去皮，切成丁；粳米淘洗干净，用冷水浸泡半小时，捞出，沥干水分；将鹌鹑肉去骨，切成小碎块；将葱、姜洗净分别切末、切丝备用。

❷ 将粳米、山药、鹌鹑肉同放锅内，加入约1 000毫升的冷水，先用大火烧沸。

❸ 然后改用小火慢煮，至米烂肉熟时，加入姜丝、葱末、盐调味，即可盛起食用。

♥ 营养解说

鹌鹑肉具有高蛋白、低脂肪、低胆固醇的特点，而且鹌鹑肉含有丰富的卵磷脂、脑磷脂及芦丁，对糖尿病性高血压病、水肿等有较好的防治作用，且具有补益五脏、养肝清肺、强壮筋骨等功效。

营养师告诉你
怀孕坐月子怎么吃

滋阴润肺
银耳肉蓉羹

原料（2人份）
银耳25克，瘦肉150克，冬菇3朵，鸡蛋1个。

调料
香菜末、姜片、盐、生抽、白糖、粟粉、食用油各适量，高汤4杯。

做法
1. 银耳浸泡60分钟，去蒂撕成小朵，放入开水中煮2分钟，捞出后过凉；瘦肉剁碎，鸡蛋打散；冬菇浸泡后剪去根部，切成粒。
2. 锅烧热，倒适量食用油，姜片爆香，加入高汤煮沸，下银耳、冬菇煮10分钟，放入瘦肉末、盐、生抽、白糖、粟粉拌匀，加入鸡蛋液，成形后拌匀，盛起倒入汤碗中，撒上香菜末即成。

营养解说
银耳富含天然植物性胶质，有滋阴润肺、益气清肠的功效。与瘦肉同食，有助于提高人体免疫力。

益气血、强筋骨

牛肉炒双鲜

原料（2人份）

番茄120克，牛肉100克，卷心菜150克。

调料

食用油、料酒、盐、鸡精、葱末、蒜末、鸡油、水淀粉各适量。

做法

① 将牛肉切薄片，用水淀粉抓匀；卷心菜、番茄洗净切块。

② 锅内加食用油烧至4成热，下入肉片滑炒至断生。

③ 下入卷心菜及葱、蒜末、料酒、盐、鸡精炒匀；最后下入番茄炒透。

④ 用水淀粉勾芡，淋入鸡油出锅。

♥ 营养解说

牛肉具有补脾肾、益气血、强筋骨、长肌肉的功效；番茄有抗氧化、保护血管等作用，尤其是番茄、牛肉合用，更适合准妈妈食用。

新鲜牛肉的特点是：颜色暗红、有光泽，脂肪洁白或淡黄色；肉质纤维细腻、紧实，夹有脂肪，肉质微湿；弹性好，指压后凹陷能立即恢复；表面微干，有风干膜，不黏手；有牛肉的膻气。

营养师告诉你
怀孕坐月子怎么吃

清热、消积

海蜇拌黄瓜

🌱 原料
海蜇皮 100 克，黄瓜 80 克，香菜适量。

🧂 调料
姜、蒜、生抽、糖、盐、鸡精、料酒、醋、花椒油各适量。

🍳 做法

1. 将海蜇放入凉水中浸泡 3～4 个小时，期间换水 3～4 次，清洗至无咸味，用 80℃左右的水焯一下，放入清水中浸凉、切丝；黄瓜切丝；姜、蒜、香菜切末。
2. 用生抽、糖、盐、鸡精、料酒、醋、花椒油调成调味汁。
3. 将调味汁倒入海蜇丝和黄瓜丝中，和姜末、蒜末一起拌匀，最后撒上香菜末即可。

❤ 营养解说
海蜇含有蛋白质、脂肪、硫胺素、维生素 B_2、烟酸和钙、磷、铁、碘等多种营养成分，有清热化痰、消积化滞的功效；黄瓜含丰富的维生素和水分，有清热利尿、消炎解毒的作用。

贴心叮咛
焯海蜇的时间不宜太长，焯后最好立即放入冷水中冷却，海蜇会更加脆嫩；焯海蜇的热水温度不能过高也不能过低，温度高了海蜇收缩严重，温度低了海蜇没有脆感；海蜇皮属凉性食品，因此放些姜末中和一下更有利于健康。

补充多种维生素
香菇炒菜花

原料（2人份）
菜花250克，干香菇25克，红辣椒25克，鸡汤250克。

调料
食用油、盐、鸡精、葱、姜、水淀粉各适量。

做法
1. 将菜花择洗干净，切成小块，焯水捞出过凉；香菇用80℃水泡发，去蒂，洗净，切小块；葱、姜切末。
2. 将炒锅置于火上，放食用油烧热，下葱末、姜末煸出香味，放入香菇、菜花和红辣椒，翻炒均匀，加少许清水，炒熟后，加水淀粉勾芡、放盐、鸡精调味，盛入盘内即成。

营养解说
此菜色鲜味美，清淡适口，含有丰富的蛋白质、脂肪、碳水化合物、钙、磷、铁和维生素B_1、维生素B_2、维生素C以及烟酸等多种营养物质，适用于孕晚期准妈妈食用。

营养师告诉你
怀孕坐月子怎么吃

补充钙及维生素

牛骨汤

原料（2人份）

牛骨500克，胡萝卜500克，番茄200克，洋葱50克。

调料

食用油、盐各适量。

做法

① 牛骨切块，洗净，放入开水中煮5分钟，捞出洗净。

② 胡萝卜去皮切大块，番茄切块，洋葱去衣切块。

③ 锅烧热，下食用油慢火炒香洋葱，注入适量水煮开，加入牛骨、胡萝卜、番茄煮50分钟，下盐调味即成。

营养解说

此汤含有丰富的钙和多种维生素，对准妈妈及胎儿都非常有益。

补充蛋白质
清蒸大虾

原料（2人份）
大虾500克。

调料
香油、料酒、酱油、醋、高汤、鸡精、葱、姜、花椒各适量。

做法
1. 大虾洗净去除虾线；葱、姜切丝。
2. 将大虾摆在盘内，加入料酒、鸡精、葱丝、姜丝、花椒和高汤，上笼蒸10分钟左右取出。
3. 用醋、酱油、姜末和香油兑成汁，供蘸食。

营养解说
大虾中含有丰富的优质蛋白质、维生素A、维生素B_1、维生素B_2、烟酸及多种矿物质，能补肾健胃，有利于胎儿的生长发育。

贴心叮咛
对海鲜过敏及患有过敏性疾病的准妈妈应慎食；虾背上的虾线，是虾未排泄完的废物，若吃到嘴里有泥腥味，影响食欲，所以应去掉；腐坏变质的虾不可食，色发红、身软、掉头的虾不新鲜，尽量不吃；虾忌与葡萄、石榴、山楂、柿子等同食。

【毛豆凤尾虾】大虾去壳、留虾尾、去虾线，用盐、鸡精、淀粉、蛋清给虾上浆，再放入温油中焯一下，待用；毛豆、红椒块、黄椒块一起用油焯一下，捞起；锅内留底油，加姜片炒香，放入全部原料翻炒，调味后勾芡，即成。

补充蛋白质和铁

红烧鸡腿

补充铁及蛋白质

原料（1人份）
鸡腿200克。

调料
食用油、盐、八角、桂皮、香叶、酱油、葱、姜、冰糖各适量。

做法
1. 鸡腿洗净，沥干水分；葱姜切丝。
2. 鸡腿放入煎锅，小火煎至表皮微黄。
3. 另起锅，注入少量的食用油下入八角、桂皮、香叶煸炒出香味，再下入葱丝、姜丝继续煸炒，加入酱油和冰糖。
4. 倒入开水，烧开后加入煎过的鸡腿。水要没过鸡腿，大火烧沸后转中火，加盖焖30分钟。
5. 加入盐，转大火，收干汤汁即可。

营养解说
鸡腿中含铁量较多，且蛋白质含量也较高，易消化，有增强体力的作用。准妈妈可以适当食用。

富含粗纤维和多种维生素

空心菜炒玉米粒

原料（2人份）：
空心菜200克，熟玉米粒30克，榨菜10克，红椒20克。

调料
食用油、盐、花椒、鸡精各适量。

做法
1. 空心菜洗净切段，焯水、过凉；榨菜、红椒切丁。
2. 锅烧热，放适量食用油，加热到7成热时放花椒、榨菜炒香。
3. 放入空心菜、玉米粒、红椒煸炒一会儿，加盐和鸡精调味即可。

营养解说
空心菜所含的粗纤维素、半纤维素、果胶等营养素，可促进肠蠕动，具有润肠通便、清热凉血、抑菌解毒等功效；玉米粒含有碳水化合物、蛋白质、脂肪、胡萝卜素、维生素等营养物质。

贴心叮咛
空心菜的嫩梢中含有较多的钙及胡萝卜素，适合旺火快炒，这样可避免营养物质大量流失；空心菜所含的粗纤维素较多，可刺激胃肠蠕动，促进排便，便秘者适合多吃。

补充多种营养素
什锦面

原料（2人份）
面条100克，肉馅50克，香菇1朵，豆腐50克，鸡蛋1个，青菜2棵，金针菇、胡萝卜、海带、鸡骨头各适量。

调料
香油、盐各适量。

做法
1. 鸡骨头和洗净的海带一起放入锅内熬汤。
2. 香菇、金针菇、胡萝卜洗净，切丝；青菜洗净，切成段；豆腐洗净后，切成片，用开水焯一下。
3. 把肉馅加入蛋清搅匀后揉成小丸子，在开水中烫熟。
4. 把面条放入熬好的汤中煮熟，放入香菇丝、金针菇、胡萝卜丝、豆腐片、青菜段和小丸子煮熟，加盐、香油调味即可。

营养解说
面粉富含蛋白质、碳水化合物、维生素和钙、铁、磷、钾、镁等，有养心益肾、健脾胃、除热止渴的功效。这道面富含多种营养素，是孕晚期准妈妈补充营养的不错选择。

【茄丁面】 锅里放入油，油热放葱、姜、蒜爆香，放肉丁翻炒，肉变白后，淋入酱油，放茄丁翻炒，加少许盐，加一碗开水；盖锅盖烧5分钟；另起锅烧开水煮面条，面熟后捞出装碗，浇上茄丁卤，即可食用。

孕期不适 特别关注

尿频

❀ 症状对号入座

妊娠后期，由于胎儿的发育，子宫逐渐增大。妊娠8个月后，胎头与骨盆衔接，由于妊娠子宫或胎头向前压迫膀胱，膀胱的贮尿量比非孕时明显减少，因而排尿次数增多。此种尿频现象，不伴有尿急和尿痛，尿液检查也无异常发现，属于妊娠期的正常生理现象，不必担心，也不需要治疗。

❀ 缓解对策

准妈妈平时要适量补充水分，但不要过量或大量喝水，最好在临睡前1小时内不要喝水。少吃利尿的食物，如西瓜、冬瓜、葡萄等，这些瓜果平常人多吃都会频繁地上厕所，所以本来就尿频的准妈妈尽量少吃或不吃。

健胃补虚、缓解尿频
猪肚花生米

原料（2人份）
花生米100克，猪肚约200克。

调料
盐适量。

做法
1. 花生米洗净待用；猪肚洗净切段待用。
2. 将花生米、猪肚放入砂锅中，加入盐及清水炖熟即可食用。

♥ 营养解说
猪肚含有丰富的蛋白质、脂肪、碳水化合物、维生素及钙、磷、铁等，具有补虚损、健脾胃的功效；准妈妈吃猪肚可以缓解尿频症状。花生中钙含量极高，所以准妈妈多食花生有益，另外花生外的红色花生衣，能刺激骨髓造血功能，增加血小

贴心叮咛
猪肚中胆固醇含量较高，所以患高血压病及心脑血管病的准妈妈均应少吃，否则会加重病情，有碍身体康复。清洗猪肚有窍门，将猪肚用盐、醋、葱叶反复搓洗，直至去净黏液无腥味为止。

孕期不适 特别关注

腰背痛

🌸 症状对号入座

孕晚期,很多准妈妈经常会感到腰背痛,这是因为随着妊娠月份的增加,准妈妈的腹部逐渐突出,使身体重心向前移,准妈妈为了保持身体平衡,在站立和行走时常常双腿分开、上身后仰,这就使背部及腰部的肌肉长时间处在紧张的状态。另外,孕期脊柱、骨关节的韧带松弛,增大的子宫对腰腹部产生压迫,也是造成腰背疼痛的原因。

🌸 缓解对策

准妈妈从孕期开始就应适当运动,加强腰背部的柔韧度。经常变换姿势,不要久站、久走、久坐;注意充分休息,不要过度劳累;如果想平躺,可在腰下垫一个薄一点的腰垫;不要穿高跟鞋,可以吃一些缓解腰疼的食物,主要是富含蛋白质、钙质、B族维生素、维生素C和维生素D的食物。

营养师告诉你
怀孕坐月子怎么吃

强健腰腿、缓解疲倦

猪腰粥

🌿 **原料（2人份）**

猪腰1对，粳米100克。

🍶 **调料**

葱花、姜丝、盐、鸡精各适量。

🍲 **做法**

① 猪腰切开，去除脂膜，用水洗净，切成小块，待用。

② 粳米洗净，与猪腰一起入锅，加清水适量，同煮50分钟。

③ 粥熟后，放入葱花、姜丝，搅匀再放入盐、鸡精调味即成。

💗 **营养解说**

猪腰富含蛋白质、脂肪、维生素B_2、维生素A等营养素，可强健腰腿、缓解疲倦。

贴心叮咛

清洗猪腰时，可以看到白色纤维膜内有一个浅褐色腺体，即肾上腺，应将其清除掉。它富含皮质激素和髓质激素，如果准妈妈误食了肾上腺，其中的皮质激素可使准妈妈体内钠水平增高，致排尿减少而诱发妊娠水肿。

补钙

冬瓜炖排骨

🌿 原料（2人份）

排骨350克，冬瓜500克。

🧴 调料

白醋、盐、鸡精各适量。

做法

1. 将排骨切块，洗净焯去血水；冬瓜去皮洗净切块。
2. 汤锅置火上，放入排骨，加适量水、白醋，大火烧开，转小火慢炖1小时。
3. 倒入冬瓜，炖25分钟，加少许盐和鸡精，再盖上盖焖会儿，即可食用。

❤ 营养解说

排骨含有大量磷酸钙、骨胶原、骨黏蛋白等，可以为准妈妈提供大量优质钙。这道菜对于腰酸背痛的准妈妈有一定的补益作用。

孕期不适 特别关注

妊娠期水肿

❀ 症状对号入座

孕晚期,很多准妈妈会发现自己的腿肿了、脚也大了一号。这是孕期水肿的症状。水肿发生的原因有很多,胎盘分泌的激素及肾上腺分泌的醛固酮增多,造成体内钠和水分潴留。此外,下肢的血管由于受到子宫的压迫而影响了血液的畅通循环,尤其是双手、脚踝、小腿等部位的血液回流受阻,导致水肿。

❀ 缓解对策

大多数准妈妈在孕期都会出现水肿现象,躺下休息或者经过一夜的睡眠后,症状就会有所减轻。还可以通过控制饮食减轻水肿的症状,如补充足量的蛋白质,多吃一些瓜果蔬菜,少吃含盐量高的食物,少吃或不吃难消化和易胀气的食物。此外,准爸爸帮助按摩也可以预防和消除水肿,按摩时要从小腿方向逐渐向上,这样有助于血液回流。

利水消肿、健脾祛湿

红豆花生大枣粥

🌿 原料（2人份）

红豆60克，花生仁50克，大枣20克，薏米100克。

🧂 调料

砂糖60克。

🍲 做法

① 将红豆、花生仁分别清洗干净，用清水浸泡60分钟后捞出，备用；枣洗净去核，备用。

② 将薏米淘洗干净，直接放入锅内，加入清水和红豆、花生仁、大枣，置于火上，先用大火煮沸，然后改用小火慢熬至食材全熟。

③ 加砂糖调味，再稍煮片刻，即可食用。

❤ 营养解说

薏米有利水消肿、健脾祛湿、舒筋除痹等功效；红豆也具有良好的利尿作用。准妈妈经常食用可以缓解水肿症状。

孕期不适 特别关注

胃灼热

❀ 症状对号入座

到了孕晚期,准妈妈每餐吃完之后,总觉得胃部有烧灼感,有时烧灼感逐渐加重而成为烧灼痛,尤其在晚上,胃灼热很难受,甚至影响睡眠。这属于正常现象。因为胎儿日益长大,子宫的底部上升,压迫胃部,影响了消化功能,导致少量的胃酸反流进入食管,令准妈妈不适。

❀ 缓解对策

要减轻这种症状,首先要减轻胃肠的负担,坚持少食多餐,睡前不进食。少吃酸味强及刺激性食物,以免刺激肠胃,多吃富含β胡萝卜素的蔬菜及富含维生素C的水果,如胡萝卜、甘蓝、红椒、青椒、猕猴桃等。此外,富含锌的食物亦可多食,如全谷类和水产品等。

下篇 坐月子怎么吃

吃什么，怎么吃

　　新妈妈在月子里需要充足的营养以补充妊娠和分娩时身体的消耗，帮助恢复体力。因此，保证饮食的健康营养不仅对新妈妈的身体恢复有很大的好处，还有助于宝宝的健康成长。那么，月子期间到底应该吃什么，怎么吃呢？快翻过这一页了解一下吧！

月子坐多久最科学

怀孕时，为了适应胎儿的生长发育和自身分娩的需要，女性的生殖器官和体形都发生了很大变化。分娩后，乳房要分泌乳汁，子宫要复原，身体的各个系统都要恢复正常，比如胃肠道张力及蠕动恢复，使消化功能恢复正常；不哺乳或部分哺乳的新妈妈会月经回潮。总之，月子期是全身逐渐复原的时期。

传统上人们将产后一个月称为"坐月子"，但实际上，经过一个月的调整，身体许多器官并未得到完全的复原。比如，子宫体需要6周时间才能恢复到接近非孕期子宫的大小，胎盘附着处子宫内膜的全部再生修复也需6周；产后腹壁紧张度的恢复也需要6~8周的时间。所以坐月子最少要42天。

新妈妈产后能否恢复正常，关键在于月子期的调养。月子期间，新妈妈应该以休息为主，尤其是产后15天内应以卧床休息为主。

坐月子期间的最佳食材

❀ 荤食材篇

鲫鱼 鲫鱼具有健脾开胃、调养五脏、利水消肿、通畅乳汁等功效，对产后脾胃虚弱有很好的滋补作用，特别适合剖宫产新妈妈食用。

鲤鱼 鲤鱼具有滋补健胃、利水消肿、通乳、帮助子宫收缩的功效，对产后水肿、腹胀、少尿、乳汁不通、恶露不下等都有食疗作用。

鳝鱼 鳝鱼为高蛋白质、低脂肪食材，是坐月子期间常吃的补品。具有清热解毒、祛风散寒、活血止痛的功效，适合有四肢疼痛、腰背酸软无力等症的虚寒体质新妈妈食用，还有调节血糖的作用，是血脂过高及糖尿病新妈妈的养生食品。

牛肉　牛肉具有补气血、温补脾肾、强壮筋骨等功效，可以滋养脾胃、减少落发、强壮骨骼。瘦牛肉是患高血脂、糖尿病及动脉硬化等症的新妈妈的养生食品，但不宜食用过量。

羊肉　羊肉具有益气补虚、温中暖下、壮筋骨的功效，主要用于疲劳体虚、腰膝酸软、产后虚冷、腹痛等。产后吃羊肉可促进血液循环，有驱寒作用。

猪蹄　猪蹄中含有丰富的胶原蛋白，具有滋润皮肤的效果；猪蹄有利于细胞正常生理功能的恢复，加速新陈代谢；猪蹄汤还具有催乳作用。新妈妈食用，既有利于下奶，又能达到美容的效果。

乌鸡　乌鸡具有补气养血、清凉解热及强肝补肾等功效。其中所含的氨基酸、胡萝卜素、维生素C、维生素E、B族维生素及微量元素，比普通鸡肉含量高，是缓解产后疲劳、强筋健骨、增强体力的进补佳品。

鸭肉　鸭肉是滋润清热、解毒退火的佳品，可生津止渴、清虚火、滋润肠道、促进排便、改善水肿等，特别适合于常感觉口干口渴、皮肤干燥、排便不顺等症的新妈妈食用。

鸡蛋　鸡蛋含有丰富的蛋白质、脂肪、维生素和铁、钙、钾等矿物质，还富含DHA和卵磷脂、卵黄素，能健脑益智，改善记忆力，并促进肝细胞再生。

❀ 素食材篇

花生　花生具有健脾开胃、补气养血、丰胸通乳、润肺化痰及益智健脑等功效，适用于母乳不足、胃口差、容易咳嗽的新妈妈食用。但容易上火的新妈妈不宜吃炒花生，可改成水煮或蒸熟。

豆腐 豆腐具有补气通乳、生津止渴、滋润身体、保肝解毒及清热安神等效果,可以润肤美颜、促进乳汁分泌。

红枣 红枣有补中益气、养血安神的功效,食疗药膳中常加入红枣,可补养身体、滋养气血,对于产后抑郁、心神不宁有很好的缓解功效。

胡萝卜 胡萝卜具有补血明目、调养五脏、促进消化及保肝补肾等功效,可以滋润皮肤及保护眼睛,适合产后新妈妈食用。

木瓜 木瓜具有健脾益胃、祛风除湿、改善疼痛及丰胸通乳等功效,可以促进乳汁分泌、强化消化功能。

洋葱 洋葱具有健脾开胃、祛除风寒、消除水肿等功效,还有杀菌、增强抵抗力、促进食欲的作用。

金针菜 金针菜具有舒解郁闷、宁心安神、补气养血等功效,可以稳定情绪及强健骨骼,产后情绪不稳定的新妈妈可适当多吃。金针菜可以提高乳汁中卵磷脂的含量,对宝宝大脑功能起重要作用,哺乳妈妈多吃金针菜,可促进宝宝大脑发育。

坐月子期间要管住自己的嘴

❀ 过多吃鸡蛋

在分娩过程中，新妈妈体力消耗大，出汗多，体液不足，消化能力也随之下降，坐月子期间，新妈妈每天最多吃4个鸡蛋就足够了。食用过多鸡蛋会导致摄取过量蛋白质，致胃肠难以消化而增加肠胃负担，甚至容易引起胃病。

❀ 红糖水喝太多

新妈妈分娩后，元气大损，体质虚弱，吃些红糖可益气养血、健脾暖胃、驱散风寒、活血化瘀。喝红糖水可以促进子宫收缩，排出产后宫腔内瘀血，促使子宫早日复原。但是，新妈妈不可过多食用，因为过多饮用红糖水，会使恶露增多，导致慢性失血性贫血。另外，红糖性温，如果新妈妈在夏季喝太多红糖水，必定加速出汗，使身体更加虚弱，甚至中暑。

新妈妈喝红糖水应煮开后饮用，不要用开水一冲即用，因为红糖在贮藏、运输等过程中，容易产生细菌，如果不经高温加热就食用有可能引发疾病。

❀ 过早吃老母鸡

新妈妈产后立即吃老母鸡会导致回奶。这是因为女性分娩以后，血液中雌激素与孕激素水平大大降低，这时泌乳素才能发挥作用，促进乳汁的形成；母鸡中含有一定量的雌激素，如果产后立即吃老母鸡，就会使新妈妈血液中雌激素的含量增加，从而导致新妈妈乳汁不足，甚至回奶。新妈妈产后7～10天以内不宜吃老母鸡，10天以后，在乳汁比较充足的情况下，可以食用老母鸡，可增加营养、增强体质。

❀ 生冷食物

新妈妈脾胃功能尚未完全恢复，过多食用寒凉的食物会损伤脾胃功能，影响消化，如凉拌菜因未经高温消毒，可能带有细菌，而新妈妈产后体质较虚弱，抵抗力差，如果食用易引起肠胃炎等消化道疾病。且生冷食物易致瘀血滞留，可引起新妈妈腹痛、产后恶露不绝等。

新鲜的水果不包括在"禁忌"之内，不必因水果"太凉"而不食用，因为一般在室内放置的水果不会凉到刺激新妈妈肠胃功能而影响健康的程度。

❀ 酸咸食物

酸性或咸味食物容易使水分积聚，而影响身体的水分排出，此外咸食中的钠离子更易增加血液中的浓稠度，而导致血液循环减缓。新妈妈坐月子期间最好避免食用酸咸的食物。

❀ 辛辣燥热食物

辛辣燥热食物会让新妈妈伤津耗液，导致上火、口舌生疮、大便秘结或痔疮发作，而且会通过乳汁使婴儿内热加重。因此新妈妈应忌食韭菜、葱、大蒜、辣椒、胡椒、小茴香等辛辣燥热食物，不宜饮酒。

油腻食物

由于产后新妈妈胃肠道平滑肌的张力及蠕动均较弱,因此过于油腻的食物如肥肉、板油、花生米等应尽量少食,以免引起消化不良。同样道理,油炸食物也难以消化,新妈妈也应尽量少吃或不吃。

月子里怎样做到补身不长肉

产后发胖的原因大多数是因摄入的热量过多,活动量小,热量消耗少,体内过多的热量转化为脂肪积存在皮下和体内各组织。中国人的传统观念认为坐月子都要吃大补的食物,但这可能会使产后肥胖的情形雪上加霜。那么,怎样坐月子才能既保证营养又不长肉呢?

首先,新妈妈要多吃些瘦肉、豆制品、鱼、蛋、蔬菜、水果等食物,少吃高脂肪及高糖类食物。

其次,新妈妈要尽早活动,一般顺产的新妈妈,产后24小时就应下床适当活动,因为活动能够增强神经内分泌系统的功能,促进人体新陈代谢的调节,消耗体内过多的脂肪。如果吃得多加上活动量少或根本躺着不动,坐月子期间继续增胖的概率就大大提高。

另外,新妈妈应该尽早哺乳,因为哺乳可以加速乳汁的分泌,促进母体的新陈代谢,将身体组织中多余的营养成分运送出去,减少皮下脂肪的蓄积。

总之,防止产后肥胖,新妈妈应从各个方面加以注意,并持之以恒,这样才能收到良好的效果。

月子期间进补因"虚"而异

生完宝宝，新妈妈一边享受做妈妈的喜悦，一边要承受身体出现的不适，如疲惫乏力、浑身疼痛、精神不振、代谢失调……实际上，这些都是产后虚弱的表现，是正常生理反应。

由于体质不同，产后虚弱的表现形式也不同，不同的"虚"需要通过不同的进补方式来恢复元气。

气虚

产后气虚一般表现为乏力、食欲缺乏、易头晕、易疲劳、面色白、易出汗。

这类新妈妈在饮食上应注意：三餐正常摄取，并注意一些营养食物的摄取。可吃些糯米、粳米、山药、大枣、胡萝卜、香菇、豆腐、鸡肉、兔肉、鹌鹑、牛肉、青鱼等；也可以采取中药进补法，如人参、西洋参、党参、黄芪、白术等，具体如何使用中药疗法治疗可咨询医生。

血虚

产后血虚一般表现为面色苍白或蜡黄、唇淡、指甲无血色等症状，新妈妈可能会出现贫血、时常心慌、失眠、头晕、眼花、手足发麻等症状。

在饮食方面，新妈妈要注意多吃含铁的食物，如葡萄、樱桃、苹果、深绿色蔬菜、鱼、蛋、奶、大豆、猪肝、鸡肝等。食补的同时也可在咨询医生后辅以中药进补，如熟地黄、当归、何首乌、枸杞子等。

◉ 阴虚

产后阴虚一般表现为体形消瘦、手足心发热、口燥咽干、头晕眼花、虚烦不眠、盗汗、脸颊易红、大便干燥等。

在生活上,新妈妈注意不要熬夜,在饮食上,适合凉补,多食绿豆汤、西瓜、冬瓜、丝瓜等来退火,也可进食一些中药,如天门冬、玉竹等,具体可以咨询医生。

◉ 阳虚

产后阳虚一般表现为嗜睡、畏寒、面色白、不渴、易腹泻、尿频。

在饮食上新妈妈要注意不要吃太多生冷食品,尤其在夏天盛暑时不要吃太多冷饮。也可进食中药鹿茸、杜仲,但应事先咨询医生。

月子里的饮食原则

◉ 分段实施

许多地方的月子餐讲究大热大补,但实际上产后新妈妈体质尚虚,中医认为,虚不受补,更何况分娩产生的大量恶露尚未排除,因此进补也需要考虑身体状况,按照新妈妈身体复原的四个阶段分段实施,每个阶段有各自的调理重点,这些内容将会在后面详细介绍。

◉ 均衡多样

月子里,新妈妈的饮食荤素搭配很重要。进食的品种越丰富,营养就会越平衡、越全面。如果荤食过量,不利于胃肠蠕动,会影响消化,降低食欲。素食里含有大量纤维素,能促进胃肠蠕动,促进消化,防止便秘。也有些新妈妈为了减肥,一味

吃素，这样也会对自己和新生儿产生不利的影响。除了荤素搭配，主食上也可考虑粗细搭配，粗粮可以与米饭、面条搭配食用。

❀ 少食多餐

由于新妈妈刚生完宝宝，胃肠功能减弱，蠕动减慢，如果一次进食过多会增加胃肠负担，从而影响消化功能。新妈妈月子里每天餐次应在 5～6 次为宜。

❀ 食量适当

产后过量饮食除了会让新妈妈在孕期体重迅速增加外，对于身体恢复并无益处。如果是母乳喂养婴儿，奶水很多，食量可以比孕期稍增，最多增加 1/5 的量；如果奶量正好够宝宝吃，食量则与孕期等量即可；如果没有奶水或是不准备母乳喂养，食量和非孕期差不多就可以了。

❀ 进食有顺序

新妈妈进食时也应注意摄取食物的先后顺序。首先吃平性、温性的热食，再吃一些凉性的蔬菜，吃完饭后约 10 分钟再吃水果。这种吃法既不伤胃，也能吸收到蔬菜、水果的精华。若空腹就吃凉性或纤维较粗、难消化的蔬菜水果，易致寒气入侵，而易产生消化不良的种种症状，常见症状如打嗝、吐酸水、胃痛胀气、排软便或拉肚子等。

❀ 稀软为主

新妈妈月子期间出汗较多，体表的水分挥发也大于平时。因此，新妈妈饮食中的水分可以多一点，如多汤、牛奶、粥等。新妈妈的饭要煮得软一点，少吃油炸的食物，少吃坚硬的带壳的食物。新妈妈产后由于体力透支，很多人会有牙齿松动的情况，过硬的食物既对牙齿不好，也不利于消化吸收。

● 咸淡适宜

一般认为，月子里的饮食要清淡，最好不放盐，这种观点是不正确的。从科学的角度上讲，新妈妈的月子餐应该咸淡适宜，应少加一些调味品及盐，这样除了可以促进新妈妈的食欲，对新妈妈的身体恢复也是有益的。

烹饪月子餐有秘诀

● 选料要得当

食材是烹饪月子餐的关键所在。用于给产后新妈妈进补的食材，通常为动物性原料，如鸡肉、鸭肉、猪瘦肉、猪蹄、猪骨、鱼类等，这类食品含有丰富的蛋白质和核苷酸等，适合新妈妈产后补身。选料上要选择一些天然的有机的无污染的食材。

● 搭配有讲究

许多食物已有固定的搭配模式，可以起到营养互补的作用，即餐桌上的黄金搭配。如，鲤鱼和丝瓜、鲫鱼和豆腐，这样的搭配会使鱼的蛋白质功效发挥到最佳，海带和棒骨这种搭配能使酸性食品棒骨与碱性食品海带起到互补效应。为使汤的口味纯正，一般不用多种动物食材同煮。

● 火候要适宜

煲汤时，食物温度应该长时间保持在 85 ~ 100℃。因此，煲汤火候的要诀是大火烧沸、小火慢炖。这样可以使食物营养素一点点炖出来，并使汤浓醇。

❁ 放料要谨慎

产后新妈妈不宜进食辛辣、味重的食物，诸如辣椒、鸡精、胡椒、葱、蒜之类就尽量少用。此外，还要注意调味料的投放顺序。盐应该最后放，因为盐会使原料中的水分排出、蛋白质凝固，而且如果先放盐，会使肉质变老。

产后第一阶段（第1～7天）

排毒期
活血化瘀

调理重点
促进子宫收缩，活血祛瘀，排出恶露
通畅乳腺、促进乳汁分泌
利水消肿，补血养血
舒缓压力，增强体力
促进伤口愈合
强健脾胃，预防便秘

产后第一阶段这样吃

❀ 第一阶段饮食特点

由于分娩时能量的消耗以及体液的大量流失，新妈妈会感觉到饥饿和口渴，如果没有麻醉等特殊原因，顺产的新妈妈产后可立即进食。先进食少量的食物来补充体力，然后再逐渐增加食量。但是在产后第一天，不论是剖宫产还是顺产的新妈妈，最好进食清淡而富有营养的食物，如汤、面条、稀饭等。

❀ 不吃口味重、难消化的食物

新妈妈还要注意不能吃口味偏重、难消化的食物，如糯米、豆类、凤梨、油炸食物等，否则不仅会导致消化不良，也会使气血不畅，影响身体的恢复。若肠胃

不好、吃豆类容易胀气的新妈妈，这周先不要吃薏仁、黑豆、红豆等，建议只喝豆类熬煮的汤，可利水消肿。

❀ 蔬菜不要吃太多

产后第一周，可以适量食用蔬菜，但不要吃太多，第二周再逐渐增加。新鲜的蔬菜、水果中含有大量维生素及矿物质，还可以解决产后新妈妈排便不畅的问题。但月子里吃蔬菜要根据自己和宝宝的体质来决定，有些新妈妈吃蔬菜自己没事，但宝宝却排稀便、绿便。所以，月子里的新妈妈应根据具体情况来决定摄入蔬菜的量和种类。

❀ 下奶食物别多吃

在生完宝宝3天内，很多新妈妈的乳腺管还没有通畅。如果新妈妈此时进食太多的下奶食物，那么奶会下得很急，但因为乳腺管没通，就会出现"上通下堵"的情况。奶催得太急，而宝宝的需求量又不多，就会使奶水瘀积在乳房中，造成新妈妈的乳房肿胀、疼痛，严重时还会引发高热、乳腺炎症等。这样新妈妈会很痛苦，也会影响给宝宝哺乳。所以在初乳没有下来之前千万不要吃任何催奶的食物。

❀ 剖宫产新妈妈的饮食特别建议

剖宫产手术，由于肠管受到刺激而使肠道功能受损，肠蠕动减慢，肠腔内有积气，术后可能会有腹胀感，所以剖宫产术后禁食，一般以术后排气作为可以正常进食的标志。恢复进食后，最好食用蛋羹、米粥等容易消化的食物，等到肠胃功能完全恢复后，再开始正常饮食。

术后第一天，一般以稀粥、藕粉、果汁、鱼汤、肉汤等流质食物为主，一次不要吃得太多，一天分6～8次进食。术后第二天，可吃些稀、软、烂的食物，如肉末、肝泥、鱼肉、面条、稀饭等，一天吃4～5次。术后第三天，就可以正常饮食了，注意优质蛋白质、各种维生素和微量元素的摄取，主食、副食要合理搭配。

新妈妈每日饮食参考

餐　　次	用餐时间	精选菜单
早餐前空腹	6:40	生化汤 100 毫升（一杯分 3 次喝）
早　　餐	7:00～8:00	麻油猪肝 1 碗、小米红糖粥 1 碗
加　　餐	10:00 左右	红豆汤 1 碗
午餐前空腹	11:40	生化汤 100 毫升（一杯分 3 次喝）
午　　餐	12:00～13:00	何首乌排骨汤 1 碗，糯米饭 1/2 碗
加　　餐	15:00 左右	益母草粥 1 碗
晚餐前空腹	17:40	生化汤 100 毫升（一杯分 3 次喝）
晚　　餐	18:00～19:00	白萝卜橄榄猪肺汤 1 碗，麻油蛋炒饭 1 碗
加　　餐	21:00～22:00	鲜藕汁饮

产后第一阶段精选月子餐

养血补血、利水祛湿

薏米花生粥

🌿 原料（1人份）
薏米、花生各50克。

🧂 调料
冰糖20克。

🍲 做法
1. 薏米洗净用水泡软，花生去皮、洗净，浸泡约30分钟。
2. 锅中注水放入花生，烧开后用小火煮40分钟，加入薏米继续煮，直到米烂，然后加入冰糖搅匀，盛出即可。

❤ 营养解说
薏米含有丰富的粗纤维、钙、磷、铁、维生素等营养成分，可祛湿。花生中所含的蛋白质容易被人体吸收利用，花生还含有除维生素C以外的多种维生素，以及钙、磷、铁等多种微量元素，具有养血补血、补脾润肺等功效。

活血、利尿、止痛

益母草粥

🌱 原料（1人份）
益母草100克，大米50克。

🍶 调料
红糖1勺。

做法
1. 将益母草、大米洗净。
2. 锅中放6杯水，加入益母草，用中火煮约30分钟，捞出渣，汁备用。
3. 将大米放入煮好的益母草汁中，用小火煮30分钟，直到粥呈黏稠状，加入红糖，即可食用。

❤ 营养解说
益母草具有活血调经、散瘀止痛、利水消肿的作用，适用于气血瘀滞型痛经、月经不调，产后恶露不止。益母草对子宫有强烈而持久的兴奋作用，不但能增强其收缩力，同时还能提高其张力，非常适合产后新妈妈服用。

贴心叮咛

益母草性微寒，尤其适用于生产时出血量较大、产后恶露血色红、怕热的新妈妈。而对于产后怕冷、小腹冷痛、产后恶露血色暗的新妈妈，则不适宜。

补益气血
鸡蛋阿胶粥

原料（1人份）
鸡蛋3个（约180克），阿胶30克，米酒100克。

调料
盐少许。

做法
1. 鸡蛋磕入碗中，打散、搅匀。
2. 阿胶打碎放在锅里，加入米酒和少许清水，用小火炖煮。
3. 煮至阿胶烊化后，加入鸡蛋液，加少许盐调味，稍煮片刻后即可盛出。

♥ 营养解说
此粥滋阴润肺，补血止血，补充元气。阿胶补血作用较佳，是补虚、养血及治疗各种出血症的必备良药，尤其对产后新妈妈有特别的功效。

贴心叮咛
阿胶虽好，但却不是人人适宜，脾胃虚弱、消化不良的新妈妈服用阿胶会影响脾胃的消化功能；患有高血压病的新妈妈食用阿胶会增加血液黏稠度，使瘀血更为严重，可诱发血栓。

坐月子怎么吃 **下篇**

增强免疫力

猪肉香菇打卤面

🌿 原料（1人份）

面条150克，豆腐干30克，水发香菇20克，猪肉50克。

🧂 调料

豆瓣、盐、葱、姜、蒜、鸡精、白糖、酱油、淀粉、高汤各适量。

🍳 做法

1. 将豆腐干、香菇、葱、姜、蒜、猪肉切碎。
2. 用湿淀粉、白糖、酱油调成芡汁。
3. 锅内放油，依次放入豆瓣、葱、姜、蒜、肉、香菇和豆腐干，炒出香味。
4. 在锅内加入高汤，用中火烧沸后放入芡汁和鸡精、盐，调成卤，盛出。
5. 将面条煮熟后浇上卤汁，即可食用。

❤ 营养解说

香菇可明显提高机体免疫力，还有补肝肾、健脾胃、益智安神、美容养颜的功效，是一种优质的健康食品。香菇可以提高乳汁中的维生素D的含量，预防宝宝因缺乏维生素D而引起佝偻病；还可以提高乳汁中的精氨酸和赖氨酸的含量，对宝宝有很好的益智作用。

贴心叮咛

泡发干香菇时，可先用清水将表面的尘土冲掉，再放入适量温水中泡浸约60分钟。不能为了让香菇尽快泡发，而选择用开水，这样会破坏香菇的营养。

营养师告诉你
怀孕坐月子怎么吃

促进子宫复原、预防便秘
麻油蛋炒饭

原料（1人份）
米饭200克，鸡蛋2个（约120克）。

调料
姜片适量，麻油、酱油、盐少许。

做法
1. 鸡蛋打入碗中搅散，姜片切丝备用。
2. 将麻油倒入锅中烧热，放姜丝炝锅，加入蛋液翻炒，再加入米饭、少量酱油、盐继续翻炒片刻，即可起锅。

营养解说
可保护血管、润肠通便、延缓衰老。麻油中含有丰富的不饱和脂肪酸，进入体内促使子宫收缩和恶露排出，帮助子宫尽快复原，同时还有软便作用，可预防新妈妈便秘。

补血、排毒

枸杞子山药猪心汤

原料（2人份）
山药100克，枸杞子50克，猪心1/2个。

调料
姜片、盐各适量。

做法
1. 猪心切薄片，洗净里面的血沫杂质，放开水中焯一下捞出；山药洗净、去皮、切滚刀块；枸杞子洗净清水泡10分钟。
2. 将猪心片、山药块、姜片放砂锅中，加足量水，盖上锅盖，大火烧开，小火煮30分钟。
3. 放入枸杞子、适量盐，再煮15分钟即可。

营养解说
猪心可以养心，山药健脾，枸杞子明目。这道汤具有养心安神的作用，适用于贫血、心悸、失眠、健忘、惊悸、神经衰弱及产后身体虚弱的新妈妈。

贴心叮咛
猪心有异味，如果处理不好，菜肴的味道就会大打折扣。可在买回猪心后，立即在少量面粉中"滚"一下，放置1小时左右，然后再用清水洗净，这样烹炒出来的猪心味美纯正。

增进食欲、补益元气

鸡肉山药粥

🍃 原料（2人份）
山药50克，枸杞子20克，去壳熟松子20克，鸡胸肉70克，大米50克。

🧂 调料
盐少许。

🍲 做法
① 鸡胸肉洗净切丁，放沸水中汆烫；大米洗净；山药去皮、洗净、切小块。

② 加水至锅中，将大米、鸡肉丁、山药块放入锅中，先用大火煮沸，转小火煮至米熟，熄火前放枸杞子，加盐调味，撒上熟松子。

❤ 营养解说
这道粥口味清爽，低脂肪、高营养，可以增进食欲，补益人体元气。产后新妈妈食用有助于消除疲劳，恢复体力。

健脾舒胃、安神补虚
糖醋黄鱼

原料（2人份）
鲜黄鱼1条，胡萝卜、鲜笋、青豆、葱各50克。

调料
食用油、糖、醋、酱油、料酒、淀粉各适量。

做法
1. 将黄鱼去内脏洗净，划几刀，抹上少量酱油、料酒，腌制30分钟。
2. 将胡萝卜和笋切成丁，与青豆一起入开水焯一下，捞出，再将葱切末。
3. 锅内放食用油加热至八成热，放入腌制好的黄鱼炸至金黄，捞出控油，盛入盘中。
4. 用锅内的底油炒香葱末，倒入开水煮沸，放入适量糖、醋、笋丁、胡萝卜丁、青豆，再用湿淀粉勾芡，最后将芡汁淋在黄鱼上即可。

营养解说
黄鱼含有丰富的蛋白质、微量元素和维生素，对人体有很好的补益作用。中医认为，黄鱼有健脾舒胃、安神止痢的功效，对贫血、失眠、头晕、食欲缺乏及新妈妈产后体虚有良好疗效。黄鱼还可以提高乳汁中不饱和脂肪酸的含量，促进宝宝的脑部发育。

【清蒸黄鱼】黄鱼刮鳞去掉内脏，洗净，切成段，放盐，拌匀，腌10分钟；空盘子里先放几根葱白，将黄鱼放上去摆好，然后放少许盐、酱油、料酒，再放姜丝和葱段在鱼上；蒸锅加水烧开，最后将鱼盘放进锅里大火蒸8分钟即可。

营养师告诉你
怀孕坐月子怎么吃

补钙、补血
何首乌排骨汤

🌿 原料（2人份）
猪排骨500克，何首乌20克。

🍶 调料
大葱、白醋、盐各适量。

做法
1. 将猪排骨剁成小段，沸水煮2分钟去血水，捞出洗净控干；何首乌洗净备用；大葱切末。
2. 将何首乌、排骨，葱末、白醋、盐放入砂锅，用大火烧开，改用小火炖至烂熟即可。

❤ 营养解说
排骨除含脂肪、维生素外，还含有大量磷酸钙、骨胶原等，能为新妈妈提供钙。排骨还具有滋阴壮阳、益精补血的功效。新妈妈分娩时出血多，多食用排骨还能起到补血的功效。何首乌可以补血、滋阴、润肠、通便等。

贴心叮咛
用何首乌给新妈妈进补时应先咨询医生，询问新妈妈的体质是否适合滋补。

促进伤口恢复、排气
白萝卜橄榄猪肺汤

原料（3人份）
猪肺250克、白萝卜200克、橄榄20克。

调料
姜片、盐各适量。

做法
1. 白萝卜洗净去皮，切块状待用；橄榄洗净，用清水浸泡片刻待用。
2. 猪肺切片，浸泡于清水中，用手搓洗干净，放进开水中煮5分钟，捞起过凉，沥干水待用。
3. 以上全部材料与姜片一起放入砂锅里，加入清水适量，大火煮沸后，改为小火煮约2个小时，加入适量盐调味即可。

♥ 营养解说
白萝卜可消积滞、化痰清热、下气宽中、解毒；猪肺有补虚、止咳、止血的功效。清热解毒，化痰消积。这道汤有一定的进补功效，很适合新妈妈食用。

猪肺一定要选气管连着没有弄破的，只有完整的猪肺才容易清洗干净；猪肺不要切太小块，因为焯水后它的体积会缩小；猪肺片清洗后，用适量白醋浸泡15分钟，以去腥、杀菌。

促消化、健脾胃、增营养
营养汤面

🌿 原料（2人份）
干面条40克，虾20克，猪肝40克。

🧂 调料
高汤2碗，盐1小匙。

🍲 做法
1. 将虾去掉虾线、洗净，备用；猪肝洗净切片后，用沸水略烫，去除血水，备用。
2. 将干面条放入滚沸的水中煮至九成熟时，捞起，沥干水分，盛在碗中备用。
3. 取一汤锅，加入2碗高汤煮至滚沸，加入备用的虾、猪肝，以中火续煮至虾和猪肝熟。
4. 将面条放入汤锅中，煮至面条熟，加入少许盐调味即可。

❤ 营养解说
虾富含蛋白质、脂肪、钙、磷、铁、维生素A、维生素B_1、维生素B_2、烟酸等，具有补肾气、健脾胃、下乳汁等作用；猪肝富含丰富的铁，且可以促使恶露排出；面条富含蛋白质、碳水化合物和膳食纤维等，且易于消化吸收，有改善贫血、增强免疫力、平衡营养吸收等功效。新妈妈产后很适合吃营养丰富的汤面。

【番茄鸡蛋菠菜汤面】菠菜焯水后过凉、挤净水分，切断，番茄切片，鸡蛋2个打散；锅中放油，放入番茄焗出汤汁，加入适量水，烧开后放入切面煮至烂熟，放入菠菜、蛋液、盐即可出锅。

滋补、通便

紫米红豆甜粥

原料（2人份）
紫米、糯米各1/2杯，红豆、薏米、莲子各1杯，红枣20颗。

调料
红糖适量。

做法
1. 紫米、糯米、红豆、薏米洗净，浸泡30分钟；红枣、莲子洗净。
2. 锅中放水，加入所有食材，先用大火煮沸，然后改小火煮90分钟，直至粥呈黏稠状，加糖出锅即可。

营养解说
红豆含有较多的膳食纤维，能润肠通便，能降血压、降血脂、调节血糖，同时有很好的利尿作用；红枣有补血功效；紫米、糯米都具有滋补功效。这道粥很适合新妈妈食用。

补中益气
南瓜烩豆腐

原料（2人份）
南瓜200克，嫩豆腐1块（约100克），豌豆仁20克。

调料
酱油、盐、麻油、姜片各适量。

做法
1. 南瓜去皮去子，切块；嫩豆腐切块。
2. 麻油入锅加热，放姜片爆香，放入南瓜，用小火煎至九成熟，然后压成泥，放入酱油、水，烧开。
3. 加入嫩豆腐、豌豆仁烧至熟透，再放盐调味即可。

营养解说
南瓜补中益气；豆腐富含蛋白质、脂肪、钙、B族维生素等营养素，胆固醇几乎为零，非常适合新妈妈食用。

【冰糖红枣银耳南瓜羹】 取一小块南瓜去皮、去子，洗净切成小块；泡发银耳放到汤锅里，放水没过银耳，小火煮20分钟，放红枣、南瓜、冰糖再煮20分钟即可。

活血、止血

鲜藕汁饮

🌱 原料（1人份）
新鲜莲藕1根。

🧴 调料
牛奶、白糖、白醋各适量。

做法
1. 莲藕洗净污泥，削去皮，切成小块，泡在清水中，水中加少量白醋。
2. 将藕块加入适量清水，放入搅拌机搅打，并滤去渣滓（搅拌机有过滤网）。
3. 砂锅中加入适量清水，烧热后加入藕汁，放入适量牛奶、白糖，小火加热5分钟即可。

♥ 营养解说
藕汁具有活血、止血的作用，适合产后恶露不尽的新妈妈饮用。

泡莲藕的清水中加入少量白醋，可以防止藕氧化变色。因为藕含淀粉多，易氧化，最好避免用铁锅加热，砂锅为好，要小火加热，且应边加热边搅拌，防止糊锅。

增强子宫收缩
木瓜米醋煲

🌿 原料（2人份）
木瓜500克，米醋500克，生姜30克。

调料
白糖适量。

做法
① 木瓜去皮，挖去瓤，切成小块；生姜洗净切片。

② 将木瓜块和生姜片一起放入煲内，加米醋、白糖小火煲30分钟即可。

❤ 营养解说
这道汤饮可帮助新妈妈迅速恢复体力，增强子宫收缩，有利于恶露排出，活血祛瘀。

坐月子怎么吃 下篇

滋阴补虚、利水消肿
鸭肉海带汤

🌿 原料（2人份）
鸭肉100克，水发海带丝100克。

🧂 调料
盐、姜片各适量。

🍳 做法
❶ 鸭肉洗净斩块、焯水。海带丝洗净备用。

❷ 砂锅里加入水、姜片、鸭块，大火烧开后小火煮30分钟，加入海带丝再煮40分钟，鸭肉炖煮至熟后加盐调味即可。

❤ 营养解说
鸭肉营养丰富，特别适宜夏秋季节坐月子的新妈妈食用，既能补充过度消耗的营养，又可祛除夏天暑热给身体带来的不适。这道汤具有滋阴补虚、利水消肿、益气养胃、行滞散结的功效。

鸭肉性凉，脾胃阴虚、经常腹泻的新妈妈应尽量少吃。

产后不适 特别关注

产后便秘

❀ 症状对号入座

新妈妈产后3天未排出大便，或者排便艰涩、干燥疼痛、出血，都被称为产后便秘。造成这一现象的原因很多：产后盆底和腹壁肌肉松弛，肠腔反应性扩大；坐月子期间进食大量含蛋白质、脂肪较多的精细食物；新妈妈身体虚弱，产后多食低纤维食物造成肠蠕动减慢等。

❀ 缓解对策

新妈妈应适当活动，不能长时间卧床。剖宫产的新妈妈前两天应勤翻身，吃饭时应坐起来。两天后应下床活动；在饮食上，要多喝汤、饮水，主食要粗细粮搭配，在吃肉、蛋食物的同时，还要吃一些含纤维素多的新鲜蔬菜和水果；应保持精神愉快，心情舒畅，不良情绪可使胃酸分泌量下降，肠胃蠕动减慢。

益气养血、润燥滑肠

杏仁粥

🌿 原料（2人份）
杏仁10克，粳米100克。

🧂 调料
白糖20克。

🍴 做法
① 将杏仁洗净，用干净纱布包裹，备用。

② 将粳米淘洗干净，放入锅内，加入杏仁及适量清水同煮，待米开花、粥汁浓稠时即可取出杏仁，离火，待稍凉后加白糖即可食用。

💗 营养解说
杏仁中含蛋白质、油脂、碳水化合物、钙、磷、铁、胡萝卜素等多种营养素，且具有益气养血、润肺除燥、止咳滑肠的功能。适用于产后津亏便秘者。

产后不适 特别关注

产后腹痛

❀ 症状对号入座

新妈妈产后腹痛的原因是由于子宫收缩所致。中医认为产后腹痛是因为血虚，或因产时失血过多，冲任空虚，胞脉失养，或因气血虚弱，运血无力，血流不畅，迟滞而痛；也可因产后起居不慎，寒邪乘虚而入，或饮食生冷，血为寒凝，或产后情怀不畅，肝气郁结气滞血瘀，或产后恶露排泄不畅而致。

❀ 缓解对策

新妈妈不要卧床不动，应及早起床活动，并按照体力渐渐增加活动量。针对产后腹痛的饮食宜清淡，不吃生冷食物。山芋、黄豆、蚕豆、豌豆、零食、牛奶、白糖等容易引起胀气的食物，也应少食为宜。新妈妈宜食用羊肉、山楂、红糖、红小豆等温补食物。

行气止痛

五味益母草蛋

🌿 原料（1人份）
当归15克，川芎12克，炮姜3克，田七粉1克，益母草30克，鸡蛋2个。

🍶 调料
料酒、盐、葱各适量。

🥣 做法
1. 将当归、川芎、炮姜、益母草、田七粉全部装入纱布袋内，扎紧口。
2. 将药袋置砂锅内，加清水，大火煮20分钟，将连壳鸡蛋加入同煮。
3. 蛋熟后剥壳，将鸡蛋及壳均留在药液中，加盐、料酒、葱，改小火再煮20分钟即可。

❤ 营养解说
当归活血化瘀，行气止痛。这道五味益母草蛋适用于瘀血内阻所致产后恶露不尽而引起的腹痛。

喝汤，吃蛋，每日1次，汤分2～3次喝完。此汤用到多种中药材，需在专业医生指导下服用。

产后不适 特别关注

产后恶露不下

❀ 症状对号入座

产后宫缩乏力，恶露停留于子宫内不能排出或排出很少，称为恶露不下。产后恶露不下，可引起血晕、腹痛、发热甚至更为严重的症状，应及时调治。

❀ 缓解对策

新妈妈应该避免分娩时受到寒邪；坐月子过程中禁食生冷食物；避免情志不舒，或因操劳过度，或困扰悲伤，而致恶露不下；新妈妈也可通过食疗、服用药膳来促使恶露排出。

坐月子怎么吃　下篇

缓解腹痛、促进恶露排出
生化汤

🌿 **原料（1人份）**

当归30克，益母草22.5克，川芎、炮姜、炙甘草各5.6克，桃仁3.75克。

🍲 **做法**

① 将所有原料分别洗净后放入锅中，加入3碗水，大火煮沸，小火煮至1碗水后滤渣备用。

② 将2碗水加入药渣，大火煮沸，小火煮至1碗水后滤汁备用。

③ 将两种药渣混合在一起，分成2次喝。

❤ **营养解说**

生化汤的最大作用在于帮助子宫收缩和恶露排出，主治产后瘀血腹痛，恶露不行，小腹冷痛。

贴心叮咛

生化汤不宜多喝，可先喝2～3剂，如果症状改善，可不必再继续喝。若新妈妈小腹冷痛、恶露不行，可酌情多喝；若新妈妈子宫异常出血、严重腹痛、发热，不能服用生化汤。当归有润肠作用，新妈妈如腹泻，服用生化汤时要先咨询医生。

温经散寒、养血活血
姜楂茶

原料（2人份）
山楂12克，生姜3片。

调料
红糖30克。

做法
① 将山楂、生姜片洗净。

② 砂锅内放水，大火烧开，加入山楂、生姜片、红糖，约煮30分钟即可。

营养解说
此茶有温经散寒、化瘀止痛、养血活血等作用，适用于寒凝血瘀而致产后腹痛以及血瘀所致的恶露不下等症。可每日服用1次，连服4天。

产后第二阶段（第8~14天）

恢复期 ▶
调养脾胃

调理重点 ▶
补血强心、恢复体力

调理脏器 ▶
促进乳汁分泌、收缩子宫、预防子宫下垂
强健筋骨、预防腰肾酸痛
润肠通便、温补膀胱

产后第二阶段这样吃

❀ 第二阶段饮食特点

经过前一阶段的调养与适应，新妈妈的体力已经慢慢恢复，所以这一阶段可以用一些补养气血、滋阴、补阳的温和补品来调理身体，同时可以吃一些能促进乳汁分泌的食物。新妈妈在延续前一阶段的食材基础上，还要注意身体对食物的消化情况，如果有便秘或燥热症状，则适宜增加一些清热利尿的食物，以防患上痔疮；另外，新妈妈的饮食中应补充增强骨质和补益腰肾的食物，以缓解产后的腰酸背痛；还要预防产后抑郁，可以依个人体质选用莲子、大枣、茯苓、桂圆、百合、菇类、莲藕等来调节紧张情绪和失眠症状。

以上饮食建议都是针对顺产的新妈妈，剖宫产的新妈妈因为伤口复原速度较慢，应该推迟两周进补，所以在这个阶段最好还是延续第一阶段的饮食方案。

饮食调理脾胃

新妈妈用来滋补身体的汤类一般都比较油腻，需要注意肠胃的保健，不要让肠胃受到过多的刺激，出现腹痛或者腹泻。三餐的营养要搭配合理，关键是补身的同时，也要让肠胃舒服。早餐可多摄取五谷杂粮类食物，午餐可以多喝些滋补的高汤，晚餐则要加强蛋白质的补充，同时保证饮食清淡。

可以适当吃鸡肉、猪肉和牛肉

产后第二周可以开始摄取优质蛋白，如猪肉、牛肉及鸡肉等，但因为产后新妈妈消化功能尚未完全恢复，每餐用量仍不能太多，食肉量约为食材的1/3即可。

注意补充钙

因为0~6个月母乳喂养的宝宝骨骼形成所需要的钙完全来源于母乳，产后新妈妈消耗的钙量要远远大于普通人，为了满足宝宝生长发育的需要，产后新妈妈应及时补钙。可多吃些乳酪、海米、芝麻或芝麻酱、西蓝花及紫甘蓝等，保证每天摄取800毫克钙。

调整怀孕期间的不适

怀孕期间新妈妈所产生的虚弱现象或不适症状，也是本周的调理重点，常见如贫血、手足腰腿酸痛、心动过速、容易喘促、呼吸道过敏、消化不良、便秘、尿频等症。因此在调理体质的同时，要兼顾健脾养胃、强筋健骨、补血强心、改善排便及温补膀胱。

利水消肿

新妈妈分娩后，由于气血损伤，运化水液的功能下降，这时容易出现水肿。所以消水利肿是新妈妈产后保健的一个重要任务，应多补充些消肿利水的食物，如红豆、薏米、泥鳅、芹菜、桑葚等，同时还应注意食物的属性，看是否适合自己的体质。

新妈妈如何补气养血

新妈妈在生产时会耗费大量能量，也会流失很多血液，因此，在产后要注意补养气血，保证身体尽快复原。

要经常保持乐观情绪。新妈妈心情愉快、性格开朗，不仅可以增进机体的免疫力，而且有利于身心健康，同时还能促进体内骨骼里的骨髓造血功能旺盛起来。

注意饮食调理。日常应多吃些富含"造血原料"的优质蛋白质、必需的微量元素（铁、铜等）、叶酸和维生素B_{12}等营养食物，如动物内脏、鱼、虾、蛋类、豆制品、黑木耳、黑芝麻、红枣以及新鲜的蔬菜、水果等。

新妈妈每日饮食参考

餐　　次	用餐时间	精选菜单
早　　餐	7:00～8:00	麻油猪腰 1 碗，清炒油菜 1 小盘，红豆麦片粥 1 碗
加　　餐	10:00 左右	牛奶梨片粥 1 碗
午　　餐	12:00～13:00	虾仁鱼片汤 1 碗，虾皮烧菜心 1 盘，米饭 1 碗
加　　餐	15:00 左右	银耳红枣汤
晚　　餐	18:00～19:00	红烧栗子山药 1 盘，花生鸡爪汤 1 碗，麻油米饭 1 碗
加　　餐	21:00～22:00	红豆薏米汤 1 碗

产后第二阶段精选月子餐

利尿消肿、预防便秘
红豆麦片粥

原料（2人份）
红豆、燕麦片各50克，炼乳15克。

做法
1. 红豆洗净，在水中浸泡4小时。
2. 将红豆放入开水中煮30分钟。
3. 加入燕麦片继续煮，直至熟烂，淋入炼乳，盛出食用。

♥ 营养解说
燕麦中富含的钙、磷、铁、锌等微量元素有预防骨质疏松、促进伤口愈合、防止贫血的功效，是补钙佳品；燕麦中含有极其丰富的亚油酸，对糖尿病、水肿、便秘等也有辅助疗效；红豆有利水消肿的功效。

宁心安神、增进食欲
银耳红枣汤

🍃 **原料（1人份）**

银耳10克，枸杞子5克，红枣20克，百合15克。

🥢 **做法**

❶ 银耳放在清水里泡发30分钟，红枣、枸杞子、百合洗净备用。

❷ 银耳、枸杞子、红枣和百合放到砂锅里，加清水，中火炖开。炖的过程中要经常拿勺子翻动一下，免得粘锅。

❸ 炖开以后改小火慢炖20分钟，关火。

❹ 盖上盖子，再闷5～10分钟。

💗 **营养解说**

银耳富含维生素D，能防止钙的流失，且有润肤功效；红枣能提高人体免疫力，并富含钙和铁，可防治骨质疏松、产后贫血，对产后体虚的新妈妈有良好的滋补作用。这道汤可以宁心安神、益智健脑、增进食欲。

养阴补液、益肺补气

白果鸭梨鹌鹑汤

原料（1人份）
白果20克，鸭梨1个，鹌鹑1只。

调料
姜片、葱段、盐各适量。

做法
1. 将鹌鹑斩块，用开水焯一下捞出；鸭梨去核、切块；白果去壳、去衣和去心，清洗干净。
2. 将鹌鹑、鸭梨、白果、姜片、葱段放入炖盅，注入清水，炖3小时，加盐调味即可食用。

营养解说
此汤有补中益气、养阴补液、敛肺定喘、益肾固精的功效。

促进乳汁分泌
猪蹄黄豆汤

🌿 原料（1人份）
猪蹄2只（约300克），黄豆100克。

调料
盐、料酒、葱、姜、香菜各适量。

做法
❶ 将猪蹄刮洗干净，每只猪蹄剁成4块，放入开水锅内煮开，捞起用清水洗干净。
❷ 葱打结，香菜切碎，生姜切片。
❸ 黄豆拣净杂质，用冷水浸泡膨胀，淘净后倒入砂锅内，加适量水，盖好盖，用小火煮2小时左右。
❹ 放入猪蹄烧开，撇去浮沫，加入姜片、葱结、料酒，改用小火煮至黄豆、猪蹄均已酥烂。
❺ 放盐并用大火再加热约5分钟，拣去葱结、姜片，撒上香菜即成。

♥ 营养解说
黄豆营养丰富，可增力气，补虚开胃，是适宜虚弱者食用的补益食品。猪蹄中含有较多的蛋白质、脂肪和碳水化合物，并含有钙、磷、镁、铁等矿物质及多种维生素。猪蹄有壮腰补膝和通乳的功效，可用于肾虚所致的腰膝酸软和新妈妈产后缺乳症。

若作为通乳食疗应少放盐、不放味精。

【豆腐猪蹄香菇】将斩成小块的猪蹄放进砂锅中，加足量水，大火烧开，转小火熬煮，煮至肉烂时，放入香菇、豆腐及丝瓜，并加入盐、姜丝、葱段、味精，再煮几分钟后即可离火，分数次食用。

补钙及维生素

蜜汁糯米藕

🌱 原料（2人份）
藕2节（约250克），糯米100克。

🍶 调料
白糖200克，糖桂花2.5克。

做法
1. 选用粉质较大的粗藕洗净，各切去一端的藕节，放水中备用。
2. 糯米放清水中浸泡120分钟左右，淘洗干净，灌入藕孔中，盖上削下的藕节，插入竹签固定住，放入盘内，上笼蒸90分钟左右取出，切成2厘米厚的圆片，整齐地摆在大汤盘里。
3. 锅中放白糖、糖桂花和水（150克）烧开，待糖溶化后浇在藕片上即成。

❤ 营养解说
富含铁、钙以及各种维生素等营养成分，补益气血，健脾养胃。

养血通乳、排出恶露
花生鸡爪汤

原料（2人份）
鸡爪10只，花生米50克。

调料
料酒、葱花、姜片、盐、鸡油各适量。

做法
1. 鸡爪斩去尖，洗净，切段，放开水中焯一下，捞出洗净，沥干。
2. 将鸡爪倒入汤锅中，加料酒、姜片及清水。中火煮15分钟后加入花生米，下盐调味，中火煮40分钟，撒葱花，淋上鸡油，大火煮2分钟即可。

营养解说
花生具有很高的营养价值，有扶正补虚、健脾和胃、滋养调气、利水消肿、止血生乳的功效，新妈妈坐月子经常食花生具有很好的补血止血、养血通乳的功效。这道汤可养血催乳，活血止血，强筋健骨。新妈妈食用能促进乳汁分泌，有利于子宫复原，促进恶露排出，防止产后出血。

营养师告诉你
怀孕坐月子怎么吃

补充营养、增进食欲

肉末菠菜

🌿 原料（2人份）
菠菜200克，猪肉（肥瘦）25克。

🧂 调料
葱、姜、盐、湿淀粉、食用油各适量。

🍳 做法

❶ 菠菜洗净切成1厘米长的段；猪肉切成4～5厘米见方的小丁；葱、姜切末。

❷ 炒锅内放食用油烧热，放入葱末、姜末炝锅，放猪肉丁煸炒，快熟时放菠菜段，翻炒，用湿淀粉勾芡，放盐，炒匀后即可出锅。

❤ 营养解说

这道菜富含维生素、铁、磷、蛋白质等物质。菜品口感清淡鲜香，令人食欲大振。

开胃健脾、益精补血
排骨萝卜汤

🌿 原料（2人份）
猪小排250克，萝卜100克。

🧂 调料
盐、醋、葱、姜各适量。

🍳 做法
1. 将排骨洗净，顺骨缝切开，剁成约3厘米长的段，放开水中焯一下，捞出洗净；萝卜削皮，切成滚刀块。
2. 锅内放足量水烧开，放入排骨和少许醋，煮开，撇去浮沫，放入姜片、葱（打结），烧开。
3. 加入萝卜块，倒入砂锅内，盖上盖，改用小火煮60分钟左右，待肉熟烂离骨时，加入盐，拣去葱姜，即可食用。

💗 营养解说
萝卜不仅营养丰富，还含有大量的维生素C和微量元素锌，具有清热生津、凉血止血、下气宽中、消食化滞、开胃健脾、顺气化痰等功效，能增强机体的免疫功能，提高抗病能力；排骨除含蛋白、脂肪、维生素外，还含有大量磷酸钙、骨胶原、骨黏蛋白等，具有滋阴壮阳、益精补血的功效。

【鲫鱼萝卜汤】炒锅中倒入适量食用油烧热，顺着锅边放进洗净的鲫鱼，煎至两面呈黄色；倒入适量清水，加入葱、姜、萝卜丝及鸡精、盐、料酒，盖锅盖，小火煮至水开后10分钟，取出葱段，即可。

营养师告诉你
怀孕坐月子怎么吃

补肾强腰、润肠通便
核桃芝麻粥

原料（2人份）
核桃仁60克，黑芝麻30克，大枣9枚，糯米100克。

做法
❶ 将核桃仁捣碎；黑芝麻、大枣、糯米去杂，洗净，备用。
❷ 锅内加水适量，放入核桃仁、黑芝麻、大枣、糯米共煮粥，熟后即成。

营养解说
核桃仁有补肾强腰、固精缩尿等功效。黑芝麻有滋养肝肾、润肠通便、养血乌发等功效。这款粥适于体弱、肾虚、肠燥便秘的新妈妈服用。

核桃仁捣碎更利于营养成分析出。新妈妈要根据自身情况进行食疗，如需要可以天天进食适量，身体状况好转后适当减少进食。

安神助眠、健脾益气

百合芡实粥

🌿 原料（2人份）
芡实、百合各60克，粳米100克。

🧂 调料
盐适量。

🍲 做法
① 先将芡实、百合用清水略浸泡，备用；粳米用清水洗净。
② 将已准备好的芡实、百合、粳米一同放进锅内，加入适量清水，大火烧开，转小火熬煮。
③ 煮至粥稠，加入少量盐调味即可。

❤ 营养解说
芡实含有丰富蛋白质、维生素及多种微量元素，有健脾益肾的功效；百合含有蛋白质、钙、磷、铁、维生素、胡萝卜素等营养素，具有良好的滋补作用，且具有润肺止咳、养阴清热、清心安神之功效。

营养师告诉你
怀孕坐月子怎么吃

滋养身体、补虚补血

红烧栗子山药

❧ 原料（2人份）

栗子20颗，山药20克，熟地黄5克，鸡肉250克，冬菇5朵。

调料

食用油、盐、白糖、湿淀粉、食用油各适量。

做法

❶ 鸡肉切丝，加入盐、白糖、湿淀粉拌匀，腌约20分钟；栗子去壳去皮，浸水中约15分钟；山药洗净，去皮切块；冬菇浸软去蒂，洗净后切成丝，用少许食用油、盐、白糖拌匀。

❷ 烧热油锅，放入山药、栗子及冬菇翻炒，然后加入熟地黄、鸡肉丝同炒；再加入适量水，盖上锅盖，烧至栗子熟软。汁液将干时，加入湿淀粉勾芡即成。

♥ 营养解说

山药含有大量蛋白质、糖类、B族维生素、维生素C、维生素E、葡萄糖及碘、钙、铁、磷等人体不可缺少的营养成分，可健脾益气；板栗富含碳水化合物、不饱和脂肪酸、维生素和矿物质，具有补脾健胃、补肾强筋的功效。

坐月子怎么吃　下篇

产后不适　特别关注

产后虚弱

❀ 症状对号入座

新妈妈在怀孕生产期间消耗过多的能量、体力及营养补充不足，导致身体虚弱，抵抗力下降，极易出现乏力、盗汗、眩晕等症状。

❀ 缓解对策

如果新妈妈调养不好，很容易因此患各种产褥期疾病，影响到身体的恢复，所以新妈妈应认真调养。居室宜避风寒，衣着被褥以保暖为宜；不宜过早或过度劳动，以免气虚下陷致子宫脱垂；另外，新妈妈产后肠胃功能也尚未恢复，因此饮食上应选用清淡而有丰富营养、滋补而不腻的食物，如滋补粥汤等，既能帮助恢复体能，还可促进新妈妈乳汁分泌。

营养师告诉你
怀孕坐月子怎么吃

补中益气、养血强筋
花生猪骨粥

🌿 **原料（2人份）**
花生仁（生）100克，猪排骨（大排）300克，粳米100克。

🧂 **调料**
香菜、猪油（炼制）、胡椒粉、麻油、盐各适量。

🍲 **做法**

① 粳米淘洗干净，用冷水浸泡30分钟捞出，沥干水分；猪排骨洗净，斩断成小块；花生仁放入碗内，用开水浸泡20分钟，剥去外皮；香菜择洗干净，切成小段。

② 把锅置火上，放入猪排骨块、猪油和适量水，用大火烧沸后，小火继续烧煮约40分钟，至汤色变白时，下粳米和花生仁，用大火烧沸，改小火继续熬煮约45分钟。

③ 煮至米粒开花、花生仁酥软时，放盐搅拌均匀，淋入麻油，撒上胡椒粉、香菜段，即可盛起食用。

❤ **营养解说**

花生的营养成分非常丰富全面，适用于营养不良、脾胃失调、咳嗽痰喘、乳汁缺少等症；猪骨除含蛋白质、脂肪、维生素外，还含有大量磷酸钙、骨胶原、骨黏蛋白等，有健脾养胃、润肠生津、补中益气、养血强筋的功效。

产后不适 特别关注

产后发热

❀ 症状对号入座

产后发热常表现为分娩后突然或持续发热，与新妈妈的身体状况、卫生清洁度有关。新妈妈在分娩过程中损耗了大量气血，身体虚弱，抵抗力下降，如果不注意产褥期卫生，就很容易给病毒侵入创造机会。有的新妈妈患有恶露不下，造成瘀血无法排出而化为内热，导致产后发热。

❀ 缓解对策

建议新妈妈增加每天的喝水量，勤排尿，并注意每次排尿时要将尿排净，以免细菌在膀胱里繁殖。同时要改变一下饮食习惯，食谱从"大补型"改为"清淡型"，多喝一些清热的饮品；新妈妈坐月子期间的居室要注意让空气流通；在处理恶露时要注意清洁，更应注意私处的清洁，多卧床休息，注意保暖。

清热解毒
金蒲茶

🌿 原料
蒲公英、金银花各30克，薄荷10克。

调料
冰糖适量。

做法
① 将蒲公英、金银花、薄荷分别洗净。
② 将蒲公英、金银花加水煮20分钟。
③ 然后放入薄荷，再煮5分钟，放入冰糖即可。

❤ 营养解说
金银花是清热解毒的良药，用于各种热性病，如身热、发疹、热毒疮痈、咽喉肿痛等症。这道茶饮可清热解毒，治疗产后发热。

下篇 坐月子怎么吃

镇定安神、祛风散热
金菊茶

🌿 原料
金银花15克，菊花15克。

🧂 调料
红糖20克。

🍲 做法
① 将金银花、菊花洗净。
② 将金银花、菊花放入茶杯中，加入红糖。
③ 将开水倒入茶杯中，浸泡15分钟左右即可饮用。

❤ 营养解说
此茶有镇定安神，祛风散热，辅助治疗感冒、咳嗽的作用。

【菊银山楂茶】将适量山楂切成碎片，再和适量菊花、金银花一起放入杯中，用沸水冲泡即成。

产后第三阶段（第15～28天）

滋补期
滋养助泌乳

调理重点
增强体质、滋补元气
补筋骨、强腰膝
清热润燥、安定心神

产后第三阶段这样吃

❀ 第三阶段饮食特点

产后第三阶段为产后第15~28天，通过前两个阶段渐进式的饮食调养，本阶段饮食需要注意补充体力、强健腰肾，以免日后腰背疼痛。本阶段可以适当加强进补，但最好还是不食用燥热食物，以免发生乳腺炎、尿路感染、痔疮等。本阶段可以增加水果摄入量，但不要吃凉性的水果，如梨、西瓜、猕猴桃、香蕉等；蔬菜的量也要开始增加，以防止便秘。

❀ 曾患妇科疾病的新妈妈用药膳要谨慎

曾患妇科疾病的新妈妈，如子宫肌瘤、卵巢囊肿、子宫内膜异位及乳房肿瘤等疾病，在滋补的过程中，应注意药膳材料的选择，一些会刺激体内激素过度分泌，促使肿瘤细胞变化的药材应避免使用，如：菟丝子、淫羊藿等，因此制作药膳前，应先咨询医生。

催乳为主、补血为辅

催乳是母乳喂养的新妈妈当前进补最主要的目的。哺乳期大概为一年的时间，所以产后初期保证良好的乳汁分泌和乳腺畅通，会给整个哺乳期提供保障。现阶段，恶露虽然已经基本排尽，但生产时的大量失血，新妈妈还是会经常感觉疲劳乏力、精神倦怠，有些新妈妈清晨醒来后偶尔还会有眩晕的感觉，可以通过饮食进行简单又方便的补血。

"哺乳新妈妈"与"非哺乳新妈妈"的进补方法

怎样分泌出营养丰富、充足的乳汁，是许多哺乳期新妈妈十分关心的问题。其实，乳汁分泌的品质和数量会受到很多方面的影响，如心情、生活习惯、饮食习惯等，而其中最重要的就是新妈妈的营养状况。食补催乳一直是广泛运用的产后催乳的方法。不仅安全有效，而且这些食物在催乳的同时还能兼顾美容的功效，如以鸡、鱼、猪蹄等为食材的汤，既可增加营养，又能促进乳汁分泌，还有美容功效，可谓一举三得。

有些新妈妈由于各种原因不适合给宝宝哺乳，那么在进补时就要格外用心和注意，除了要增加全面的营养补充体力外，还要适当增加帮助新妈妈回乳的食物。宜选择低脂、低热量、滋补功能强的食物，以便于新妈妈产后身体的恢复。

新妈妈每日饮食参考

餐 次	用餐时间	精选菜单
早 餐	7:00～8:00	莴笋薏仁粥1碗，茭白炒虾皮1盘
加 餐	10:00左右	水果1份
午 餐	12:00～13:00	麻油鸡1碗，板栗枸杞子乳鸽汤1碗，花卷1个
加 餐	15:00左右	猪蹄花生汤1碗
晚 餐	18:00～19:00	红豆鲫鱼汤1碗，口蘑荷兰豆1盘，小包子2个
加 餐	21:00～22:00	番茄萝卜汤1碗

产后第三阶段精选月子餐

养肝健脾
鸡肝菟丝子汤

🌱 原料（2人份）
鸡肝50克，菟丝子15克，西红柿少许。

调料
盐适量。

做法
1. 将鸡肝洗净，切成小块；菟丝子略洗，装入纱布袋内，扎紧袋口；西红柿切片。
2. 将鸡肝和菟丝子一并放在砂锅内，加入适量清水，先用大火煮沸，再用小火熬煮30～40分钟，捞去药袋，加入西红柿片再煮片刻，加盐调味即可食用。

♥ 营养解说
鸡肝中含有丰富的蛋白质、钙、磷、铁、锌、维生素A、B族维生素；菟丝子具有补肾、养肝、健脾的食疗作用。

贴心叮咛
买回的鲜鸡肝应放在自来水龙头下冲洗10分钟，然后放在水中浸泡30分钟。鸡肝烹调时间不能太短，要保证熟透。

 坐月子怎么吃 **下篇**

贴心叮咛

麻油鸡在分娩2周后食用较好;麻油用量不宜多,每次1~2匙即可;新妈妈食用麻油鸡不可过量,以免造成营养过剩,影响日后瘦身。

补虚、固元气

麻油鸡

🌿 原料(1人份)
鸡腿1个(约100克)。

调料
姜、麻油、盐各适量。

做法
① 鸡腿洗净切块;姜洗净切片。

② 锅放火上,倒麻油,将姜片爆香,然后放入鸡块略炒。

③ 加入适量水,用大火烧开,然后改小火煮,直到鸡肉熟透,加盐调味,起锅。

❤ 营养解说
鸡肉中蛋白质的含量很高,且易于消化,容易被人体吸收利用,有增强体力、强壮身体的作用。此菜具有滋阴补血、驱寒散湿、补身固元的功效。

滋补肝肾、益气养血
板栗枸杞子乳鸽汤

原料（2人份）
板栗10个，乳鸽肉150克，枸杞子15克。

调料
盐、葱段、姜末、料酒各适量。

做法
❶ 将乳鸽收拾干净，剁成块，放开水中汆烫，去尽血水，捞出待用；板栗去皮，枸杞子洗净。

❷ 将所有食材放入砂锅中，加入姜末、葱段、料酒，大火烧开，小火煲90分钟，再放入适量盐调味即可。

营养解说
鸽肉的蛋白质含量高，而脂肪含量较低。鸽肉除有补肝壮肾、益气补血、加快伤口愈合的功效，还可增强皮肤弹性、令面色红润。乳鸽滋肾益气，枸杞子滋补肝肾，二者一起煲汤，适用于体虚、气短乏力、眩晕、腰膝酸软的新妈妈进补。

贴心叮咛
吃板栗应细嚼慢咽，否则容易滞气，而且难消化；枸杞子一般不宜和性温热的补品如桂圆、红参、大枣等同食。

【桑葚薏米炖乳鸽】桑葚和薏米洗净；乳鸽宰好、洗净，焯去血水，捞起；煮沸清水，倒入大炖盅，放入所有材料，隔水炖120分钟，下盐调味即可。

【天麻炖乳鸽】天麻用温水洗净后切片，乳鸽宰好、洗净、剁块，焯去血水；天麻与乳鸽放砂锅内，加足量水，大火煮开10分钟后转小火慢炖60分钟左右，把乳鸽炖至熟烂后加盐调味即可。

通利下乳
莴笋薏仁粥

🌱 原料（2人份）
莴笋30克，猪肉30克，薏仁100克。

调料
盐、麻油各适量。

做法
❶ 莴笋茎切片，叶切段，猪肉切末，薏仁洗净加水浸泡2小时。

❷ 将上述三种食材放入锅中，加水，大火烧开，小火慢煮，煮到黏稠时，放入盐和麻油，再煮一会儿，盛出食用。

♥ 营养解说
莴笋性味苦、甘、凉，有清热利尿、通脉下乳之功效。此粥适用于产后气血方虚、脾胃不足所致的产后缺乳和乳汁分泌不足。

坐月子怎么吃

补气血、养身体
红枣乌鸡汤

🌿 原料（3人份）
乌鸡1只，枸杞子20克，红枣10颗。

调料
葱、姜、盐各适量。

做法
❶ 乌鸡洗净，控干水分；枸杞子和红枣洗净；葱切段，姜切片。

❷ 砂锅中放水，然后放入乌鸡，大火烧开后撇去浮沫。

❸ 将枸杞子、红枣、葱段、姜片放入砂锅，用小火煮90分钟，熟后加盐调味即可出锅。

♥ 营养解说
乌鸡含有多种氨基酸、蛋白质、维生素B_2、维生素E、磷、铁、钾、钠的含量很高，而胆固醇和脂肪含量则很少，所以乌鸡是补虚劳、养身体的上好佳品。这道汤对于产后贫血的新妈妈有明显功效。

营养师告诉你
怀孕坐月子怎么吃

滋养脾胃、补中益气
番茄牛肉汤

原料（2人份）
番茄200克，牛肉100克。

调料
盐、姜片、蒜片各适量。

做法

① 将番茄洗净、切块，牛肉切片；
② 将牛肉片放入砂锅中加适量水，烧开，撇去浮沫。
③ 放入番茄、姜片、蒜片，小火炖煮至牛肉熟，放盐调味即可。

营养解说

牛肉含铁较丰富，和番茄搭配可以使铁更好地被人体吸收，有效预防缺铁性贫血，而且番茄能让牛肉更快烂熟。这道汤有补脾胃、益气血、强筋骨、除湿气的功效。

 贴心叮咛

牛肉清炖时，营养成分被保存得较为完好。清炖牛肉时最好把水一次性加足，即使中间需要添水也要添加开水，如果加入凉水，肉质就会僵硬，既不容易炖熟，又会影响口感和味道；牛肉不适宜与土豆一起烹煮，因为这两种食物所需的胃酸浓度不同，易造成胃肠吸收负担。

补肝肾、补血通乳

黑芝麻炖猪蹄

🌿 原料（2人份）
黑芝麻100克，猪蹄500克。

调料
盐适量。

做法
① 将黑芝麻放入锅中翻炒，炒焦后取出备用；猪蹄洗净后剖成两半，再切成块，放开水中煮5分钟，捞出洗净沥干。

② 砂锅中放入水，放猪蹄大火烧开，小火炖煮，直到猪蹄熟烂时放入盐，关火出锅，撒上黑芝麻即可食用。

♥ 营养解说
猪蹄能补血通乳，可治疗产后缺乳症；黑芝麻有补肝肾的功能。此道菜品有助于产后体虚、便秘等症状的康复，且能有效促进乳汁分泌。

养血补气、补充体力

莲藕干贝排骨

🌿 原料（3人份）
莲藕200克，排骨500克，干贝250克。

🧂 调料
盐适量。

🔥 做法
1. 提前一晚将干贝用10倍的水浸泡，浸泡的水留着备用。
2. 莲藕洗净，削皮、切片；排骨汆烫，捞出洗净沥干。
3. 将所有食材放进砂锅里，加6倍的水（含浸泡干贝的水）及少许盐，大火煮开后，改用小火炖2小时即可食用。

💗 营养解说
干贝含有丰富的蛋白质、脂肪、碳水化合物，以及维生素A、钙、钾、铁、镁、硒等营养元素；莲藕性温和，具有益胃健脾、养血补气的功效；排骨中含有的大量骨胶原和钙质，有助于新妈妈产后恢复。

增进食欲

口蘑炒豌豆

原料（2人份）
鲜口蘑100克，鲜豌豆200克。

调料
食用油、酱油、盐各适量。

做法
1. 鲜豌豆洗净；鲜口蘑去根蒂、洗净，切成丁。
2. 锅中放食用油，油热，放入口蘑丁、豌豆粒煸炒，然后放入酱油、盐，用大火快炒，菜熟即可出锅食用。

营养解说
口蘑、豌豆含蛋白质、脂肪、碳水化合物、多种氨基酸和维生素，豌豆还含有钙、磷、铁等多种微量元素，能改善新妈妈因油腻引起的胃口不佳。

贴心叮咛
如何挑选优质口蘑：漂白过的口蘑，表面滑爽、手感好，有湿润感；没有漂白过的菇面发涩，摸上去比较粗糙、干燥。另外，没有漂白过的口蘑靠近蘑菇根的地方，有一点褐色。

催乳、补身

海带炖公鸡

原料（2人份）
公鸡肉100克，干海带10克。

调料
盐少许。

做法
1. 干海带放水中浸泡30分钟，洗净切丝；公鸡肉切成块。
2. 锅里加水，放入公鸡肉，用大火将锅烧开，放入海带，转小火炖煮，肉烂熟后加盐出锅。

❤ 营养解说

公鸡体内含有较多的雄激素，有利于促进催乳素泌乳作用的发挥，促进新妈妈乳汁的分泌。此外，公鸡肉中的脂肪含量少，新妈妈吃后可以防止发胖，还可减少母乳中的脂肪含量，防止婴儿吸乳后发生脂性腹泻。

公鸡肉性燥热，不宜多食，多食易生热痛风。因此感冒、发热、咳嗽患者、有热性病者都应慎食。

补养气血、利水消肿
红豆鲫鱼汤

🌿 原料（2人份）
鲫鱼1条，红豆50克。

🍶 调料
食用油、料酒、姜片、盐各适量。

做法

1. 红豆洗净放入汤煲，加入足量水，浸泡30分钟；鲫鱼去内脏及鳃，清洗干净。
2. 将浸泡红豆的汤煲放炉火上，开大火煮沸，转小火煲30分钟，至红豆酥烂。
3. 热锅，加适量食用油，烧至7成热，放姜片爆香，放入鲫鱼，改中火，两面各煎2分钟。
4. 把煎好后的鲫鱼，放入红豆汤煲中，大火煮到沸腾后，加少量料酒，转小火煲15分钟，加盐调味即可。

❤ 营养解说
红豆含丰富的脂肪、蛋白质、碳水化合物、维生素、烟酸等，具有补铁、补血的特效，可提高子宫收缩力，还具有利水消肿的功效。

煎鱼的时候，轻轻晃动锅，这样鱼皮不会粘连到锅上。鲫鱼煎过后，煲汤没有腥味，而且汤汁的味道会更鲜美。

滋阴补虚、养血益气

水晶肘子

🌱 原料（2人份）
猪肘子1个，猪肉皮150克。

🧴 调料
盐、料酒、葱白、姜、高汤各适量。

🍳 做法

1. 把猪肘子用温水泡30分钟，用刀刮净皮上的毛和油泥，洗净，剔去骨头，放入开水中煮至七成熟取出。
2. 将猪肉皮用刀刮净皮面油泥，洗净，放入开水中烫一下捞出，再洗净，切成长条。
3. 将葱白切成段，姜切成块，用刀拍一下，将肘子皮朝下码在大碗内，加入肉皮、葱段、姜块、盐、料酒，高汤，放入笼屉内蒸烂出锅。
4. 将肘子捞入另一大碗内，把汤内的葱、姜、肉皮去掉，用三层纱布滤去杂质，倒在肘子碗内。
5. 放凉，凝结成冻，吃时把肘子带冻切成0.5厘米厚的片，码在盘内即成。

❤ 营养解说

猪肘含较多的蛋白质，特别是含有大量的胶原蛋白，有润肌肤、健腰腿的作用。猪肉皮中也含有大量的胶原蛋白，还有滋阴补虚、养血益气的功效。这道菜是新妈妈在月子里美容养颜的最佳菜品。

 贴心叮咛

由于猪肘含油脂较多，因此，患高血压病、动脉硬化症及体胖、食滞、痰盛者不宜常食。

 美食链接

【红枣豆香炖猪肘】锅内加水烧开，放入猪肘、料酒，用中火煮至血水净，捞起冲净；把猪肘放入盅内，加入姜片、葱段、红枣、泡后的黄豆、冰糖、红糖、盐，注入清水，加好盖，隔水炖120分钟，去掉姜、葱即可食用。

活血通乳
丝瓜炒虾仁

🌿 原料（2人份）
丝瓜200克，鲜虾50克。

调料
食用油、湿淀粉、料酒、盐、姜、蒜、高汤各适量。

做法
① 鲜虾去头去壳留尾，在虾身上划开，挑出虾线，用料酒、湿淀粉腌制10分钟；丝瓜去皮切滚刀块；姜切丝，蒜切片。

② 锅中放食用油，烧热后，放入虾仁炒至变色，盛出备用。

③ 锅中重新放食用油，油热后，放入姜丝、蒜片炒香，放入丝瓜炒至变软。放入虾仁，和丝瓜一起翻炒均匀。倒入适量高汤，煮一会儿，大火收汁，加少许盐调味。

♥ 营养解说
丝瓜有清暑凉血、解毒通便、祛风化痰、润肌美容、通经络、行血脉、下乳汁等功效。虾仁含有丰富的钙。这道菜，清淡爽口，营养丰富，特别适合胃口不好的新妈妈食用。

炒制丝瓜的过程中，丝瓜会出水，因此无须添加太多高汤，以免菜品汤水太多，影响口感。

产后不适 特别关注

产后水肿

❀ 症状对号入座

新妈妈出现下肢或全身水肿症状,称为产后水肿。中医认为,产后水肿是因为某些脏腑的功能障碍造成的,一般会涉及肺、脾和肾三脏。怀孕期间准妈妈多吃少动,脏腑功能本身就被抑制,加上分娩后气血的伤损,运送水分的功能进一步下降,所以,月子期间多余的水分就潴留在新妈妈体内不能被代谢出去。

❀ 缓解对策

虽不必限制新妈妈的饮水量,但是在睡前要少喝,确保食物清淡,不可太咸;补品不要吃太多,以免加重肾脏负担;可多吃脂肪含量少的肉类或鱼类。

营养师告诉你
怀孕坐月子怎么吃

健脾祛湿

红豆薏米姜汤

🌿 原料（2人份）

红豆50克，薏米50克。

🧂 调料

老姜5片，白糖少许。

🍲 做法

❶ 红豆和薏米加水浸泡3小时后捞出。

❷ 红豆、薏米与姜片一同放入锅中，先用大火煮，开锅后，转小火继续煮40分钟。

❸ 待红豆、薏米煮熟软后，再加少量白糖，即可食用。

❤ 营养解说

红豆、薏米、老姜都具有健脾祛湿的功效。此粥香甜可口，养胃健脾，补虚安神，利水消肿。

美食链接

【山药薏米粥】山药切段，莲子去芯，红枣去核，薏米洗净泡60分钟；薏米放汤锅，加足量水，大火煮开，小火煮40分钟后，加山药、红枣、莲子，小火煮30分钟；粥煮熟后加冰糖调匀即成。空腹食用，每日2次，可利水消肿。

补肾利尿

熟三鲜炒银牙

🌿 原料（2人份）

绿豆芽150克，熟瘦肉、熟鸡肉各85克，熟火腿丝50克。

调料

食用油、麻油、盐、白糖各适量。

做法

❶ 先将绿豆芽洗净，沥干水分，备用；熟瘦肉、熟鸡肉切丝。

❷ 炒锅置于火上，起油锅，放绿豆芽，用大火快速煸炒数下，加入肉丝、鸡丝、火腿丝煸炒，放少量白糖、盐调味，淋上麻油翻炒均匀，即可食用。

♥ 营养解说

绿豆芽性凉味甘，不仅能清暑热、通经脉，还能补肾利尿，调五脏，美肌肤。瘦肉是B族维生素的良好来源，同时含有丰富的、对人体有益的矿物质以及铁、磷、钾、钠等。

产后不适 特别关注

产后汗出

❀ 症状对号入座

新妈妈产后出汗并持续不断,甚至出现汗水浸湿衣被现象,称为产后汗出。其实,产后汗出有些是体虚所致,大部分是正常的生理表现。这是因为妊娠期间,准妈妈为了供胎儿营养需要,除了大量进食增加营养外,血容量也大量增加,到胎儿足月后,母体的组织间液也增加了。分娩后,母体的新陈代谢减慢,不再需要那么多的水分,于是身体进行自我调节,向体外排出一部分水分。

❀ 缓解对策

产后汗出为正常生理现象,一般数日后即可自行好转。这一时期新妈妈应勤换内衣,用干毛巾擦身,不可冒汗吹风,须防感冒。另外,还需格外注意饮食,避免辛辣致热的食品,多食富有营养的食物以帮助尽快恢复。

清热止血、缓解产后汗出

糖醋莲藕

原料（2人份）
莲藕300克。

调料
食用油、麻油、料酒、白糖、米醋、盐、葱花各适量。

做法
1. 将莲藕去节、削皮，切成薄片，用清水漂洗干净。
2. 炒锅置火上，放入食用油，烧至7成热，投入葱花略煸，倒入藕片翻炒，加入料酒、盐、白糖、米醋，继续翻炒，待藕片炒熟，淋入麻油即成。

营养解说
莲藕是传统的清热止血食品，有止血止泻功效。此菜含有丰富的碳水化合物、维生素C及钙、磷、铁等多种营养素，不仅清热止血，对产后汗出也有很好的疗效。

产后第四阶段（第29～42天）

调整期 ▶

滋补养颜

调理重点 ▶

补充气血、养颜瘦身

滋补强身、调养体力

改善体质、调理宿疾

调节身体功能、增强免疫力

产后第四阶段这样吃

❀ 第四阶段饮食特点

产后第29~42天为第四个阶段，此阶段通常宜采用温润的补方，仍然不宜食用生冷食物。新妈妈饮食最好清淡、不要过于油腻，还要限制热量的摄入，以免进补过度，造成脂肪堆积。但新妈妈肩负哺育宝宝的重任，所以应注意摄取充足的营养，不急于减少食量或吃素。平时要多喝白开水，含有糖分的茶饮最好停止服用。

❀ 改善体质的黄金时期

本阶段堪称新妈妈们改善体质的黄金时期。经历了怀孕生产，新妈妈子宫血液循环会比较活络，在整个月子期间如能好好调养，通常原本有的一些疾病，如痛经、月经不调，以及手脚冰冷等情况都会有所改善。

特殊新妈妈的饮食方案

坐月子期间的进补食材多数为动物性食品,但现在很多人崇尚素食,很多新妈妈也不例外。如果新妈妈是素食主义者,一般都可能会缺乏蛋白质和B族维生素。不用担心,新妈妈可以通过进食其他食物来最大限度地补充所需营养,如五谷杂粮、深绿色蔬菜、菇类、豆类、坚果、山药、莲子、红枣、黑枣等。

有些新妈妈分娩前就患有痛风,坐月子时,如果在食用较多豆类后,最好补充一些利水、利尿的食物,如薏仁,以帮助身体尽快代谢。

有些新妈妈因为分娩造成的身体和心理变化而情绪不稳,这种情况可以通过食用一些能缓解产后抑郁的食物,舒缓新妈妈的情绪。如喝点玫瑰花茶、适当吃点红枣、黑枣、桂圆、巧克力等甜食,或者适当食用具有安神作用的茯苓、莲子、莲藕等食物,都有很不错的效果。

食物同类互换可丰富膳食

新妈妈在坐月子期间,为保证营养充足,要从各类食物中获取蛋白质、碳水化合物、适量脂肪以及矿物质。另外,为了使每日膳食能多种多样,新妈妈可选用品种、形态、颜色、口感多样的食物,并进行同类互换,即以粮换粮、以豆换豆、以肉换肉。如大米可与面粉或杂粮互换;馒头可与面条、烙饼互换;大豆可与豆制品或杂豆类互换;瘦猪肉可与鸡、鸭、牛、羊、兔肉互换;鱼可与虾、蟹互换。

新妈妈在月子期间不可盲目节食减肥

新妈妈在产后身材比怀孕前要臃肿一些,可能一时之间难以接受,因此,很多新妈妈会在月子期间就急于节食减肥。这样做不但对新妈妈自身健康不利,对宝宝也有害无益。

为了保证宝宝哺乳需要,新妈妈一定要多吃营养丰富的食物,每天要摄取足够的热量。如果新妈妈在产后急于节食,哺乳所需的营养成分就会不足,从而导致宝宝营养不良。而且新妈妈本身恢复健康也需要营养,因此,在月子期间,新妈妈不可以节食。

新妈妈每日饮食参考

餐　次	用餐时间	精选菜单
早　餐	7:00～8:00	枸杞子红枣粥1碗，益母当归煲鸡蛋2个
加　餐	10:00左右	西蓝花鸽蛋汤1碗
午　餐	12:00～13:00	当归炖羊肉1碗，猪蹄金针菜汤1碗，黑糯米饭1碗
加　餐	15:00左右	花生木瓜甜枣汤1碗
晚　餐	18:00～19:00	猪肝绿豆粥1碗，鸭血豆腐1盘，芹菜肉包2个
加　餐	21:00～22:00	牛奶白果雪梨汤1碗

产后第四阶段精选月子餐

补身养颜、提高免疫力
西蓝花鸽蛋汤

原料（1人份）
鸽蛋3个，西蓝花150克。

调料
盐、葱、姜、麻油、高汤各适量。

做法
1. 西蓝花掰小朵，洗净控干水分；葱、姜切末。
2. 放清水至锅中，大火烧开后放鸽蛋。转小火煮熟后将鸽蛋捞出，去皮。
3. 将锅洗净，加入高汤，放入西蓝花，用大火煮开，加入鸽蛋稍微煮下，然后加盐，撒葱末、姜末，淋入麻油即可。

营养解说
西蓝花富含蛋白质、碳水化合物、脂肪、维生素C、胡萝卜素以及钙、磷、铁、钾、锌等微量元素；鸽蛋含有丰富的蛋白质、磷脂、多种维生素及微量元素等营养成分。长期食用可增强皮肤弹性、改善血液循环、提高免疫力。

帮助消化、补铁补血

菠菜牛肉粥

🌿 原料（2人份）

大米100克，牛肉馅60克，菠菜50克。

🧂 调料

盐、葱、干淀粉各适量。

🍲 做法

① 菠菜择洗干净，放入开水中焯一下，捞出沥干水分，切碎；大米淘洗干净；牛肉馅加入少许干淀粉和盐拌匀，腌5分钟；葱切末。

② 锅中加入适量清水，大火烧开后倒入大米，沸腾后转小火熬60分钟。

③ 将切碎的菠菜、牛肉馅倒入粥锅内，搅匀，小火再煮开，加入适量的盐、葱末调味即可。

♥ 营养解说

菠菜能刺激肠胃消化液、胰腺液的分泌，既助消化，又润肠道，有利于缓解便秘状况。除此之外，菠菜还有补血的功效。

 贴心叮咛

要想把粥煮得黏稠，不要将水和米同时放入锅内。应在水沸后再倒入淘好的大米，因为这样米粒里外温度不同，米粒表面会出现许多细微的裂纹，容易开花渗出淀粉质，淀粉质不断溶于水中，粥就会比较黏稠。

 【滑嫩牛肉汤】 牛肉切片，加适量盐和淀粉，持续用力抓10分钟左右，让牛肉的纤维变得松软，再放置10分钟；汤锅倒入适量水烧开，放入牛肉片、姜片、盐，煮开后放入葱段即可。

坐月子怎么吃 **下篇**

低热量、高纤维
萝卜鲜虾

🌿 原料（2人份）
草虾150克，胡萝卜1根（约100克），山药100克。

🍶 调料
盐适量。

🍲 做法
① 草虾去虾线、洗净，备用；山药、胡萝卜分别洗净、去皮、切大块。
② 锅中加适量水，放入山药、胡萝卜，大火烧开，转小火煮至胡萝卜及山药熟烂后，再放入草虾。
③ 大火烧开后，加入盐调味即可。

❤ 营养解说
此菜低热量、高纤维，又有饱足感，是产后想瘦身的新妈妈的最佳饮食选择。

强筋骨、养身体
胡萝卜羊肉汤

🌿 原料（2人份）
胡萝卜100克，羊肉180克，白萝卜100克。

🧂 调料
葱段、姜片、盐、料酒各适量。

🍳 做法
1. 胡萝卜削皮、切滚刀块；白萝卜洗净切块，用筷子钻几个孔；羊肉洗净、切块、焯去血水。
2. 羊肉放入砂锅中，加入适量清水，放葱段、姜片、胡萝卜块以及钻了孔的白萝卜块，加少许料酒，大火烧沸后转小火煮约50分钟，至羊肉、胡萝卜块都熟透，捞出白萝卜块。放适量盐调味即可。

♥ 营养解说
羊肉鲜嫩，营养价值高，对贫血、产后气血两虚、腰部冷痛、腰膝酸软等症状都有补益作用。

贴心叮咛
煮羊肉汤时放入钻了孔的白萝卜块同煮，目的是为了让白萝卜块吸收羊肉的膻味，所以白萝卜块最好就不食用了。烹饪羊肉时，所放姜最好不去皮，姜皮辛凉，正好中和羊肉的燥热，而且还能去除膻味。

宁心安神、强身健体
枸杞子红枣粥

原料（2人份）
枸杞子10克，红枣4个，大米100克。

调料
红糖15克。

做法
1. 红枣、枸杞子、大米洗净备用。
2. 汤锅中加水，大火烧开，放大米，再次烧开后转小火煮30分钟，加红枣、枸杞子，再煮20分钟，加红糖搅匀出锅。

♥ 营养解说

此款粥能宁心安神，通心肾，适用于心慌失眠、头晕及肾气衰退所引起的劳损乏力，新妈妈可以晚间临睡前作夜宵食用。

贴心叮咛

清洗红枣时不要在水中浸泡太长时间，否则红枣内的维生素会流失很多，营养价值降低。挑选枸杞子也有窍门，正常枸杞子多为赤红色或偏暗红，皮干而肉满，而熏蒸过的枸杞子多为鲜红色，果实偏湿润。

> **营养师告诉你**
> 怀孕坐月子怎么吃

补钙、补铁

鸭血豆腐

🌿 原料（2人份）
鸭血50克，豆腐100克。

🧂 调料
麻油、盐、葱末、高汤各适量。

🍳 做法
① 先将鸭血用淡盐水洗净，切成方块；豆腐切成同样大小的方块，分别放入开水中焯一下，捞出，过凉后控净水。

② 汤锅置火上，倒入适量高汤烧开，放鸭血块、豆腐块，煮至豆腐漂起。

③ 加入盐、葱末，待汤再开，淋入麻油，即可起锅盛入汤碗内。

❤ **营养解说**

鸭血有补血和清热解毒的作用，其含铁量较高，容易被人体吸收利用，新妈妈每周食用2次，美容又养颜，还有利肠通便的作用。豆腐可补钙，鸭血可补铁，两者同食可提高产后补钙效果。

真假鸭血的鉴别方法：真鸭血颜色通常是暗红色，用水焯时不掉色；假鸭血颜色为咖啡色，焯时水会被染成红色。真鸭血又硬又脆，用手指按时会发生断裂，切面会有大小不等的小孔；假鸭血的柔韧性很好，不易断裂，切面小孔也很匀称。

暖宫补血、补虚健腰

当归炖羊肉

原料（2人份）
羊肉400克，黑豆100克，当归10克，红枣少许。

调料
姜4片，盐少许。

做法
① 羊肉洗净切成薄片，放入锅中，加入3杯清水和姜片同煮20分钟，煮时要撇去浮沫及肥油。
② 黑豆略泡后洗净，倒入锅中，加入2杯清水，煮软。
③ 将黑豆及羊肉连汤一并倒入炖盅内，加入当归及红枣。
④ 以小火隔水炖约4小时，加盐调味即可食用。

营养解说
当归可以补血、暖宫；羊肉对产后血虚、腹部疼痛有明显疗效。这道菜具有补肾益气、补虚温中等作用。

姜是辛温之物，新妈妈一次不宜过多食用，过多的姜会增加血性恶露。月子期间，新妈妈要适时、适量、适度食用生姜。

补血、润泽皮肤
核桃虾仁

🌿 原料（2人份）
核桃仁150克，虾200克，芦笋50克，胡萝卜50克。

调料
蒜、盐、淀粉、蛋清、食用油、麻油、料酒各适量。

做法

1. 将核桃仁放到开水中煮3分钟后捞出沥干备用；鲜虾去头、壳和虾线，从背部剖开（别切断），用盐、淀粉、料酒、蛋清抓匀，腌制20分钟；芦笋和胡萝卜切丁，蒜切片。
2. 炒锅烧热放食用油，油热后放煮好的核桃仁，炒至金黄色，且有香味时盛出备用。
3. 锅留底油，放蒜片爆香，放胡萝卜丁翻炒片刻，再放芦笋丁，胡萝卜丁和芦笋丁炒熟后，放腌好的鲜虾，再放适量盐，翻炒至虾卷起后关火，淋麻油，起锅装盘即可。

♥ 营养解说
核桃有补血的功效，新妈妈常吃能使皮肤光滑。虾含有大量蛋白质，是常见的养生佳品，这两种食材配合含丰富纤维的芦笋，最适宜产后新妈妈食用。

健脾胃、强筋壮骨

田园烧排骨

🌿 原料（2人份）

排骨50克，玉米1根（约300克），胡萝卜1根（约200克），豆角100克。

调料

酱油、白糖、盐、葱段、姜片各适量。

做法

1. 玉米切段，胡萝卜切滚刀块，豆角抽筋后掰成段备用；排骨洗净后放入开水中氽烫后洗净沥干。
2. 将汤锅洗净，重新放入排骨，加入开水，水量应该没过排骨。
3. 放入少量酱油、白糖、葱段、姜片，盖锅盖用中火慢炖，待汤沸腾后转小火煮40分钟。
4. 放入豆角、玉米、胡萝卜，小火煮20分钟，然后加盐出锅。

♥ 营养解说

玉米所含的大量膳食纤维可以加强肠壁蠕动，防治便秘，且玉米所含的谷氨酸有健脑作用；豆角富含蛋白质和多种氨基酸，常食可健脾胃、增食欲；排骨中富含的钙质可维护骨骼健康。

【玉米山药骨头汤】 山药洗净去皮，切小块，用开水氽烫2分钟，捞起，胡萝卜洗净去皮，切滚刀块，玉米洗净切成小段，排骨洗净砍大块，用热水氽烫3分钟，捞起再次冲洗干净；将所有的材料放入砂锅中，加入足量清水，盖上锅盖，用大火煮沸后，转小火慢炖120分钟，最后放适量盐调味即可。

降压、补血
芹菜肉包

🌿 原料（2人份）
芹菜200克，猪肉250克，粉丝100克，面粉400克。

🧂 调料
食用油、姜、葱、酵母、盐各适量。

🍲 做法
1. 面粉加适量酵母、清水和成面团，加盖保鲜膜，放温暖处发酵。
2. 芹菜择好洗净，用水焯一下，控干水后切碎；粉丝泡软切碎；猪肉剁成肉馅；葱、姜切末。
3. 肉馅中加入葱末、姜末，加适量盐、食用油拌匀，然后放入芹菜末、粉丝，拌匀。
4. 将发酵的面团揉好，揪成大小均匀的剂子，将剂子按扁，擀成圆饼状的包子皮。
5. 将馅料放入包子皮，捏成有若干褶的包子，依次包完。
6. 蒸锅加水，烧开，将包子均匀摆在蒸屉上，大火蒸15分钟。
7. 关火后，静置3~5分钟再揭开锅盖，即可装盘食用。

💗 营养解说
芹菜含有蛋白质、脂肪、碳水化合物、纤维素、维生素及钙、磷、铁等矿物质。哺乳期的新妈妈宜多吃芹菜，以补充钙和铁；猪肉可提供优质蛋白质。

清热解毒、补铁补血

猪肝绿豆粥

原料（2人份）
新鲜猪肝50克、绿豆30克、糯米50克。

调料
盐适量。

做法
1. 猪肝洗净，切成片状，备用；绿豆洗净后浸泡1小时备用。
2. 糯米洗净与浸泡好的绿豆一起下锅，加适量水，用大火煮沸。
3. 水开后改用小火慢熬，煮至八成熟之后，将猪肝放入锅中同煮。
4. 待猪肝煮熟后，加盐调味即可。

营养解说
　　猪肝含有多种营养物质，其中丰富的铁、磷是造血不可缺少的原料，富含的蛋白质、卵磷脂和微量元素，有利于新妈妈身体的恢复；绿豆含丰富的碳水化合物、蛋白质、多种维生素和矿物质，有清热解毒、消暑利水的作用，新妈妈经常食用绿豆可以补充营养，增强体力。

安神解郁、催乳

猪蹄金针菇汤

🌿 原料（2人份）

猪蹄1对（约750克），金针菇100克。

🧂 调料

冰糖30克、盐少许。

🍲 做法

1. 将金针菇用温水浸泡30分钟，去蒂，换水洗净；把猪蹄洗净，用刀斩成小块；放开水中煮5分钟，捞出洗净沥干。
2. 猪蹄刮毛、洗净，用刀斩成小块，放开水中氽烫后捞出洗净，放入砂锅内，再加适量清水，大火煮沸，加入金针菇及冰糖，用小火炖至猪蹄烂时，加少许盐即可食用。

❤ 营养解说

以金针菇配猪蹄做汤，有安神解郁、通经活络的作用，可缓解新妈妈忧郁心情，并能促进乳汁分泌。

产后不适 特别关注

产后恶露不尽

❀ 症状对号入座

新妈妈分娩后恶露持续半月或3周以上，仍淋漓不断者称为恶露不尽。如果迁延日久，出血不止，易耗津伤血，损伤正气，影响新妈妈的身体健康并引发其他疾病。

❀ 缓解对策

新妈妈可服用具有活血化瘀功效的药物或茶饮进行治疗，如山楂、香附、益母草、马齿苋茶、归芪党参茶等。除此之外，还应尽早下床活动，这不仅有利于产后体力恢复、增加食欲，也有助于子宫收缩，促进恶露的排出及子宫复原。尽早哺乳并坚持母乳喂养宝宝，也可以促进子宫收缩、复原。

营养师告诉你
怀孕坐月子怎么吃

止恶露
参芪胶艾粥

🌿 **原料（2人份）**

黄芪、党参各15克，鹿角胶、艾叶各6克，升麻3克，当归10克，粳米100克。

🧂 **调料**

砂糖10克。

🍲 **做法**

❶ 将党参、黄芪、艾叶、升麻、当归放入砂锅煎煮，去渣取汁。

❷ 锅内加清水，加入粳米、鹿角胶、砂糖煮至米熟。倒入步骤❶的药汁，搅匀即可。

❤ **营养解说**

此粥适用于新妈妈产后恶露过期不止、淋漓不断、量多色淡红、质稀薄，小腹空坠，神疲懒言等症状。

 **贴心叮咛**

此粥用到多种中药材，要在专业医生指导下服用，阴虚火旺所致恶露不绝者不能服用。

产后不适 特别关注

产后腰痛

❀ 症状对号入座

产后腰痛一般有以下几方面的原因：生理性缺钙、劳累过度、姿势不当，产后受凉、起居不慎、闪挫腰肾以及腰骶部先天性疾病。新妈妈分娩后内分泌系统尚未得到调整，骨盆韧带还处于松弛状态，腹部肌肉也由于分娩而变得较为松弛。加上产后照料宝宝要经常弯腰，或遇恶露排出不畅引起血瘀盆腔。因此，产后腰痛是很多新妈妈会遇到的问题。

❀ 缓解对策

新妈妈在生活中要注意防护腰部，如给宝宝喂奶时注意采取正确姿势，经常更换卧床姿势，不要过度劳累、走远路。经常活动腰部，使腰肌得以舒展，避免经常弯腰或久站久蹲等。有些新妈妈产后腰痛主要是由于肾虚引起的，可以通过合理的饮食来进行调理。

营养师告诉你
怀孕坐月子怎么吃

补肾补虚
杜仲猪腰汤

🌿 原料（2人份）
杜仲30克，当归7.5克，猪腰300克。

调料
姜片、盐、麻油各适量。

做法
1. 猪腰去筋膜，洗净，在水中浸泡30分钟，再用清水冲洗，切成腰花。
2. 砂锅中放4碗水，加杜仲、当归大火煮沸，转小火煮20分钟，将汤汁倒出备用。
3. 炒锅中倒入适量麻油，爆炒姜片，加入汤汁和腰花煮开，再加入盐调味即可。

❤ 营养解说
这道菜适合产后肾虚腰痛、腿膝软弱的新妈妈服食。

 贴心叮咛

挑选猪腰时，先看其颜色：新鲜的猪腰柔润光泽，有弹性，呈浅红色；不新鲜的猪腰颜色发青，被水泡过后变为白色，膨胀无弹性，并散发出一股异味。再看其表面有没有血点，若有则不正常。

健脾、补肾
核桃猪腰汤

🌱 原料（2人份）
核桃仁100克，新鲜猪腰300克，红枣20克。

调料
盐适量。

做法
1. 红枣略浸软，去核洗净，备用；猪腰对开切成片，除去白筋，用清水浸60分钟，期间不时换水以去除异味。
2. 核桃仁不用去皮，与红枣、猪腰片一起放于煲内，注入清水，煲约120分钟后加盐调味即成。

❤ 营养解说
这道菜健脾、补血、补肾。适用于新妈妈产后肾虚所致的腰酸背痛。

贴心叮咛
清洗猪腰时，最好在浸泡猪腰的清水中加入几颗花椒，可去除猪腰的臊味。或者猪腰切片后，用葱姜汁泡约120分钟，换2次清水，泡至腰片发白膨胀，也可以去除臊味。

反侵权盗版声明

电子工业出版社依法对本作品享有专有出版权。任何未经权利人书面许可，复制、销售或通过信息网络传播本作品的行为，歪曲、篡改、剽窃本作品的行为，均违反《中华人民共和国著作权法》，其行为人应承担相应的民事责任和行政责任，构成犯罪的，将被依法追究刑事责任。

为了维护市场秩序，保护权利人的合法权益，我社将依法查处和打击侵权盗版的单位和个人。欢迎社会各界人士积极举报侵权盗版行为，本社将奖励举报有功人员，并保证举报人的信息不被泄露。

举报电话：（010）88254396；（010）88258888
传　　真：（010）88254397
E-mail：dbqq@phei.com.cn
通信地址：北京市万寿路 173 信箱
电子工业出版社总编办公室
邮　　编：100036